“十四五”国家重点出版物出版规划项目
青少年科学素养提升出版工程

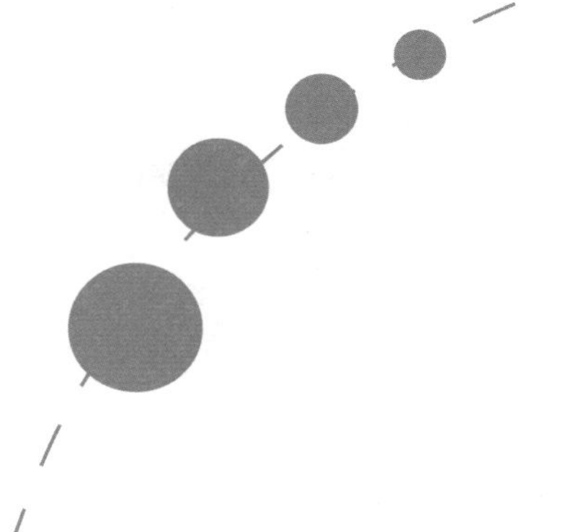

中国青少年科学教育丛书
总主编　郭传杰 周德进

生命健康的世界

刘欢 张文韬 陈逗逗 主编

浙江教育出版社·杭州

图书在版编目（CIP）数据

生命健康的世界 / 刘欢，张文韬，陈逗逗主编. --
杭州 : 浙江教育出版社，2022.10
（中国青少年科学教育丛书）
ISBN 978-7-5722-3197-1

Ⅰ. ①生… Ⅱ. ①刘… ②张… ③陈… Ⅲ. ①生命科学—青少年读物 Ⅳ. ①Q1-49

中国版本图书馆CIP数据核字(2022)第036801号

中国青少年科学教育丛书
生命健康的世界
ZHONGGUO QINGSHAONIAN KEXUE JIAOYU CONGSHU
SHENGMING JIANKANG DE SHIJIE
刘欢 张文韬 陈逗逗 主编

策　　划 周　俊
责任编辑 王方家　江　雷
美术编辑 韩　波
责任校对 高露露
责任印务 曹雨辰
封面设计 刘亦璇

出版发行 浙江教育出版社（杭州市天目山路40号 邮编：310013）
图文制作 杭州兴邦电子印务有限公司
印　　刷 杭州富春印务有限公司
开　　本 710mm × 1000mm　1/16
印　　张 16.25
字　　数 325 000
版　　次 2022年10月第1版
印　　次 2022年10月第1次印刷
标准书号 ISBN 978-7-5722-3197-1
定　　价 48.00元

中国青少年科学教育丛书
编委会

总序

高度重视科学教育，已成为当今社会发展的一大时代特征。对于把建成世界科技强国确定为21世纪中叶伟大目标的我国来说，大力加强科学教育，更是必然选择。

科学教育本身即是时代的产物。早在19世纪中叶，自然科学较完整的学科体系刚刚建立，科学刚刚度过摇篮时期，英国著名博物学家、教育家赫胥黎就写过一本著作《科学与教育》。与其同时代的哲学家斯宾塞也论述过科学教育的重要价值，他认为科学学习过程能够促进孩子的个人认知水平发展，提升其记忆力、理解力和综合分析能力。

严格来说，科学教育如何定义，并无统一说法。我认为科学教育的本质并不等同于社会上常说的学科教育、科技教育、科普教育，不等同于科学与教育，也不是以培养科学家为目的的教育。究其内涵，科学教育一般包括四个递进的层面：科学的技能、知识、方法论及价值观。但是，这四个层面并非同等重要，方法论是科学教育的核心要素，科学的价值观是科学教育期望达到的最高层面，而知识和技能在科学教育中主要起到传播载体的功用，并非主要目的。科学教育的主要目的是提高未来公民的科学素养，而不仅仅是让他们成为某种技能人才或科学家。这类似于基础教育阶段的语文、体育课程，其目的是提升孩子的人文素养、体能素养，而不是期望学生未来都成为作家、专业运动员。对科学教育特质的认知和理解，在很大程度上决定着科学教育的方法和质量。

科学教育是国家未来科技竞争力的根基。当今时代，经历了五次科技革命之后，科学技术对人类的影响无处不在、空前深刻，科学的发展对教育的影响也越来越大。以色列历史学家赫拉利在《人类简史》里写道：在人类的历史上，我们从来没有经历过今天这样的窘境——我们不清楚如今应该教给孩子什么知识，能帮助他们在二三十年后应对那时候的生活和工作。我们唯一可以做的事情，就是教会他们如何学习，如何创造新的知识。

在科学教育方面，美国在20世纪50年代就开始了布局。世纪之交以来，为应对科技革命的重大挑战，西方国家纷纷出台国家长期规划，采取自上而下的政策措施直接干预科学教育，推动科学教育改革。德国、英国、西班牙等近20个西方国家，分别制定了促进本国科学教育发展的战略和计划，其中英国通过《1988年教育改革法》，明确将科学、数学、英语并列为三大核心学科。

处在伟大复兴关键时期的中华民族，恰逢世界处于百年未有之大变局，全球化发展的大势正在遭受严重的干扰和破坏。我们必须用自己的原创，去实现从跟跑到并跑、领跑的历史性转变。要原创就得有敢于并善于原创的人才，当下我们在这方面与西方国家仍然有一段差距。有数据显示，我国高中生对所有科学科目的感兴趣程度都低于小学生和初中生，其中较小学生下降了9.1%；在具体的科目上，尤以物理学科为甚，下降达18.7%。2015年，国际学生评估项目（PISA）测试数据显示，我国15岁学生期望从事理工科相关职业的比例为16.8%，排全球第68位，科研意愿显著低于经济合作与发展组织（OECD）国家平均水平的24.5%，更低于美国的38.0%。若未来没有大批科技创新型人才，何谈到本世纪中叶建成世界科技强国！

从这个角度讲，加强青少年科学教育，就是对未来的最好投资。小学是科学兴趣、好奇心最浓厚的阶段，中学是高阶思维培养的黄金时期。中小学是学生个体创新素质养成的决定性阶段。要想30年后我国科技创新的大树枝繁叶茂，就必须扎扎实实地培育好当下的创新幼苗，做好基础教育阶段的科学教育工作。

发展科学教育，教育主管部门和学校应当负有责任，但不是全责。科学教育是有跨界特征的新事业，只靠教育家或科学家都做不好这件事。要把科学教育真正做起来并做好，必须依靠全社会的参与和体系化的布局，从战略规划、教育政策、资源配置、评价规范，到师资队伍、课程教材、基地建设等，形成完整的教育链，像打造共享经济那样，动员社会相关力量参与科学教育，跨界支援、协同合作。

正是秉持上述理念和态度，浙江教育出版社联手中国科学院科学传播局，组织国内科学家、科普作家以及重点中学的优秀教师团队，共同实施“青少年科学素养提升出版工程”。由科学家负责把握作品的科学性，中学教师负责把握作品同教学的相关性。作者团队在完成每部作品初稿后，均先在试点学校交由学生试读，再根据学生反馈，进一步修改、完善相关内容。

“青少年科学素养提升出版工程”以中小学生为读者对象，内容难度适中，拓展适度，满足学校课堂教学和学生课外阅读的双重需求，是介于中小学学科教材与科普读物之间的原创性科学教育读物。本出版工程基于大科学观编写，涵盖物理、化学、生物、地理、天文、数学、工程技术、科学史等领域，将科学方法、科学思想和科学精神融会于基础科学知识之中，旨在为青少年打开科学之窗，帮助青少年开阔知识视野，洞察科学内核，提升科学素养。

“青少年科学素养提升出版工程”由“中国青少年科学教育丛书”和“中国青少年科学探索丛书”构成。前者以小学生及初中生为主要读者群，兼及高中生，与教材的相关性比较高；后者以高中生为主要读者群，兼及初中生，内容强调探索性，更注重对学生科学探索精神的培养。

“青少年科学素养提升出版工程”的设计，可谓理念甚佳、用心良苦。但是，由于本出版工程具有一定的探索性质，且涉及跨界作者众多，因此实际质量与效果如何，还得由读者评判。衷心期待广大读者不吝指正，以期日臻完善。是为序。

2022年3月

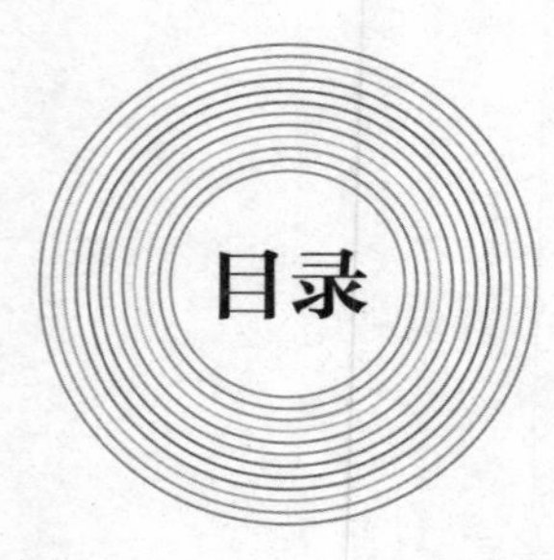

目录

第 4 章　免疫

第 5 章　过敏

第 6 章　健康

第1章

传染性疾病

空中飘来的流感

“飞”来横祸

还记得2017年冬天那场吓人的流感吗?

入冬以后，各大媒体不断报道流感的迅速传播，有的地方、学校甚至采取了取消大型活动或局部停课的措施。看来，流感来得有点厉害呀!

中国的流感疫情来势汹汹，外国的情况也不容乐观：德国境内，自2017年10月进入流感季以来，确诊病例已超过8.2万例，死亡人数超过130人。美国疾病预防控制中心（CDC）的数据显示，

图1-1 流感暴发期间戴着口罩的行人

2018年前3周，流感已在美国48个州广泛传播，共有4064人死于流感和肺炎。

对于在这次疫情中“中招”的人来说，流感就是一场飞来横祸，真不幸，流感的确就是一场“飞”来的横祸。

流感的罪魁祸首是流感病毒，它的传播途径主要有飞沫和飞禽两种。

飞沫：流感患者咳嗽或打喷嚏时产生的飞沫和微粒，很容易在人与人之间传播，在流感的季节性流行期间，这是病毒迅速传播的主要途径。

飞禽：野生鸟类是一些流感病毒的天然宿主，它们能够携带病毒而不表现出症状，在候鸟大规模迁徙的冬春季节，携带着病毒的候鸟的排泄物、污染过的水源等与人类饲养的家禽接触后，会在家禽中传播流感病毒，接触过携带病毒的家禽的人也可能患病。

流感病毒

新闻里提到流感病毒时常常会说：某地发生H7N9型禽流感疫情，某地出现甲型H3N2和甲型H1N1流感病毒，等等。

那么，问题就来了：流感病毒还分很多种吗？H7N9、H5N1、H3N2这些名称究竟是什么意思呢？

流感病毒主要分为甲、乙、丙3种类型。甲型流感病毒引发的症状最严重，是全球大流行性流感的主要类型；乙型流感病毒也能引起暴发性流行，有些症状较严重；丙型流感病毒通常会引

图 1-2　禽流感

起普通流感症状。

我们生活中常见的流感病毒和禽流感病毒主要都属于甲型流感病毒。H7N9、H5N1、H3N2 等不同的字母和数字组合，代表了不同的甲型流感病毒亚型。这些名称又是从何而来的呢?

在甲型流感病毒的表面有两种蛋白质，它们像大头针一样“扎”在病毒外壳上，分别是血凝素（hemagglutinin，HA）和神经氨酸酶（neuraminidase，NA）。HA 和 NA 的作用分别是让病毒“进门”和释放细胞“出门”，是两个“门神”蛋白质。这两种蛋白可分为多种亚型，目前已知 HA 亚型有 18 种，NA 亚型有 11 种。HA 和 NA 之间可以自由组合，例如，H7N9 流感病毒是指具有 HA7 蛋白和 NA9 蛋白的甲型流感病毒亚型，H5N1 流感病毒就是具有 HA5 蛋白和 NA1 蛋白的甲型流感病毒亚型。

掐指一算，真了不得：理论上甲型流感病毒亚型竟有 198 种可能!

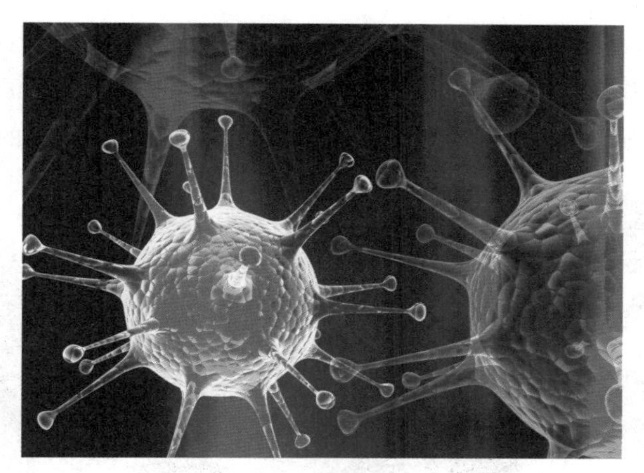

图 1-3　流感病毒粒子概述图

为什么有些病毒叫“人流感病毒”，有些叫“禽流感病毒”呢？由于人类与禽类细胞上的 HA 受体（也就是病毒进入细胞需要打开的大门）不同，一般禽流感病毒不会直接感染人，比如 H7N9，它本来是一种只在鸟类等之间传播的禽流感病毒，但是后来发现，H5 和 H7 亚型的高致病性禽流感病毒可以直接感染人类，所以就称为“人流感病毒”。

通常认为，传播流感病毒的罪魁祸首可能是猪，禽类也难逃嫌疑。猪被称为“流感病毒的混合器”，既能感染猪流感病毒，还可以感染人流感病毒和禽流感病毒，当不同种病毒感染猪，各种病毒在猪体内基因重配，混合生成新的流感病毒，就拥有了打开人类细胞大门的能力，造成人群中的大流行。

近年来，H7N9 流感病毒受到很多关注，它不仅可以感染人类，而且使患者病情加重。2013 年 3 月，我国发现 H7N9 流感病毒感染人类并快速传播的情况，在全国引起不小的恐慌，也引起国际社会高度关注。之后，我国关闭了疫情严重地区的活禽市场，这一举措显著降低了甲型 H7N9 流感病毒在人与人之间传播的风险。

图 1–4　防疫人员对养鸭场进行消毒

百年回首

在过去的一百年中，流感这个恶魔曾经多次肆虐全球，造成了数千万人甚至上亿人死亡，让全世界闻之色变。

1918—1920 年“西班牙流感”　1918—1920 年的流感大流行是历史上死亡人数最多的一次流行病，与东罗马瘟疫和黑死病一起被列为人类流行病史上的大事件。这场流感不在西班牙暴发，但是蔓延到西班牙的疫情十分严重，约 800 万人受到感染，甚至当时的西班牙国王阿方索十三世也“中招”，所以被称为“西班牙流感”。1918 年秋季，这场流感随着第一次世界大战的硝烟蔓延到了欧洲、亚洲、非洲，甚至到了太平洋群岛及北极地区。到了1920 年春季，流感已在全世界造成三分之一的人口（约 5 亿人）感染，近 4000 万人死亡。据现代流行病学估计，当时这个死亡数字甚至可能高达一亿。第一次世界大战造成的死亡人数 1000 多万，“西班牙流感”造成死亡的人数是它的 4 倍。“西班牙流感”的元凶是甲型流感病毒 H1N1 亚型，可能来源于带有 H1N1 病毒的猪或禽类。

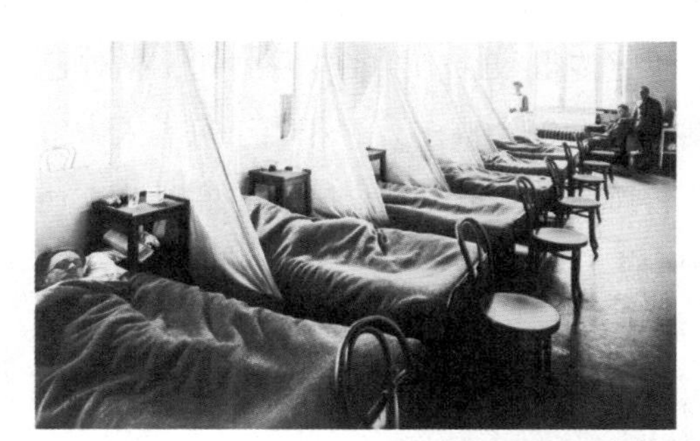

图 1-5　1918—1919 年，美国盛顿特区沃尔特·里德医院的流感病房

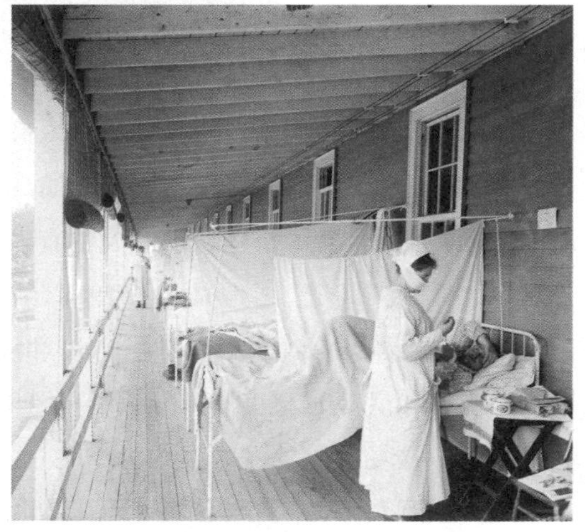

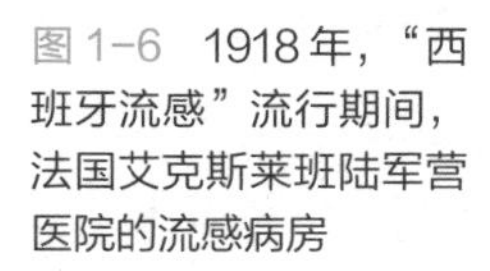

图 1-6　1918 年，“西班牙流感”流行期间，法国艾克斯莱班陆军营医院的流感病房

1957—1958 年 亚洲流感 这场流感的元凶是 H2N2 亚型流感病毒。这场流感于 1957 年 2 月发生在中国贵州省，源头很可能是同时感染了 H1N1 人流感病毒与 H2N2 禽流感病毒的野鸭。在 1957 年 3 月期间，流感在中国发生了广泛的传播，4 月在中国香港流行，后经东南亚和日本传播到全世界，因此被称为“亚洲流感”。病毒一直肆虐到 1958 年，是人类自 1918 年“西班牙流感”后第二次受到流感的严重威胁，全球至少 100 万人死于这次流感。据报道，流感在中国香港的暴发引起震动。中国香港地小人多，加上春季天气乍暖还寒，流感传得很快。到了 4 月中旬，估计已有 30 万人患病，当时当地人口只有 200 多万，相当于每 6 人中就有 1 人患病。由于学生和老师都病倒了，不少学校停课；公交司机患病也使公共交通面临瘫痪。

1968 年 香港流感 亚洲流感大流行 10 年之后，流感病毒再次闯入了中国香港。1968 年 7 月，在中国香港首次分离出 H3N2 亚型流感病毒，命名为 A/Hong Kong/68（H3N2）。这株新型病毒的 HA 基因与之前流行的病毒不同，但保留了 H2N2 的 NA 基因抗原性，取代了 1957 年至 1958 年流行于人群中的 H2N2 流感病毒。

香港流感在当年并没有造成很严重的影响，可能是因为人群对 N2 抗原普遍具有了抗体，因此，曾有人把 1968 年流感大流行形象地比喻为“焖烧”。但是到了 1968 年的八九月间，流感经中国香港传入新加坡、泰国、日本、印度和澳大利亚，同年秋季在欧洲暴发，年底蔓延至美洲，导致了横跨欧洲、美洲、亚洲的流感大流行。这场流感的发病率约为 30%，病死率与 1957 年相似，导致约 100 万人死亡，在法国有 4 万人因此丧命。

2009年 甲型HIN1流感 2009年3月18日开始，墨西哥陆续发现了人类H1N1流感病毒感染病例和死亡病例。随即，甲型H1N1流感开始在全球范围内大规模流行。

2009年4月27日，世界卫生组织发表声明，将甲型H1N1流感大流行警戒由第三级提升为第四级；同年4月29日，世界卫生组织又将警戒提升为第五级，这是极为罕见的情况。6月11日，警戒级别提升至最高的第六级，是自1968年香港流感后，41年来的第一次。

据世界卫生组织2009年12月30日公布的疫情通报，截至2009年12月27日，甲型H1N1流感在全球已造成至少12220人死亡，一周内新增死亡人数704人，其中，美洲地区死亡人数最多。

这次流感大流行也给中国带来了严重影响。统计数据显示，

图1-7 为遏制甲型H1N1流感流行，墨西哥城的博物馆暂时关闭

截至 2010 年 8 月 10 日，中国共有 128033 例实验室确诊病例，其中 805 例死亡。

流感，绝非仅仅是一场糟糕的感冒

许多人分不清流感和普通感冒有什么区别，总以为流感就是重感冒，比如通过多喝开水、吃药、休息等手段就可以自愈，其实这是一种误解。

流感是一种由流感病毒引起的传染性疾病，患者可能会出现一些呼吸系统症状，但更多的是发热、头痛、肌肉痛等全身表现。流感常见的并发症有肺炎、病毒性心肌炎和神经系统感染。如不及时治疗，流感也可能致命。流感的传染性也很高，流感病毒主要存在于上呼吸道中。一声咳嗽就可以散播 10 万个病毒颗粒，一个响亮的喷嚏更是会同时释出 100 万个病毒颗粒，并以超过 150

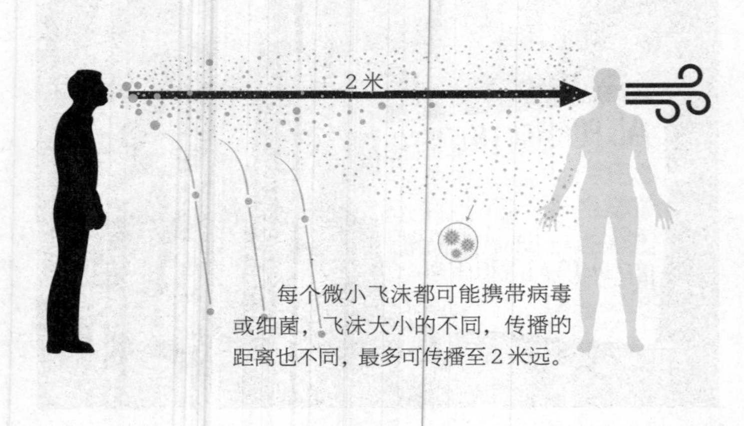

图 1–8　病毒飞沫传播

千米/时的速度喷射至2米开外的地方。如果和病人密切接触，则患者咳嗽、打喷嚏时产生的微小飞沫，就会由鼻、口等部位进入体内。另外，被病毒污染的餐具、家具甚至门把手都可成为间接传染源。

普通感冒的病原体较为复杂，研究显示超过100种病毒与普通感冒的病因有关，其中鼻病毒（rhinovirus）最为常见。普通感冒，是一种轻微的上呼吸道细菌或病毒感染，这种感染主要累及上呼吸道的鼻咽部，比如急性病毒性鼻咽炎，在没有合并其他细菌性感染（如细菌性肺炎等）的情况下，是不需要抗菌药物治疗的。

图1-9 流感症状

下面我们来揭开流感病毒的真面目：甲、乙和丙型流感病毒在总体结构上非常相似。病毒粒子直径为 80—120 纳米（nm），通常是球形，个别可能为丝状。

1 纳米是多长？是 1 米的十亿分之一。一根头发有多粗？大约 60—90 微米（μm），那么 1 微米是多长？1 微米是 1 米的一百万分之一。也就是说一根头发有 60000—90000 纳米那么粗，流感病毒粒子直径为 80—120 纳米，可想而知是非常小的。

流感病毒粒子在构成上是相似的：外面是病毒囊膜，包裹着中心核。病毒囊膜含有两种类型的糖蛋白（HA 和 NA），中心核包含病毒核糖核酸（RNA）片段和其他病毒蛋白质。

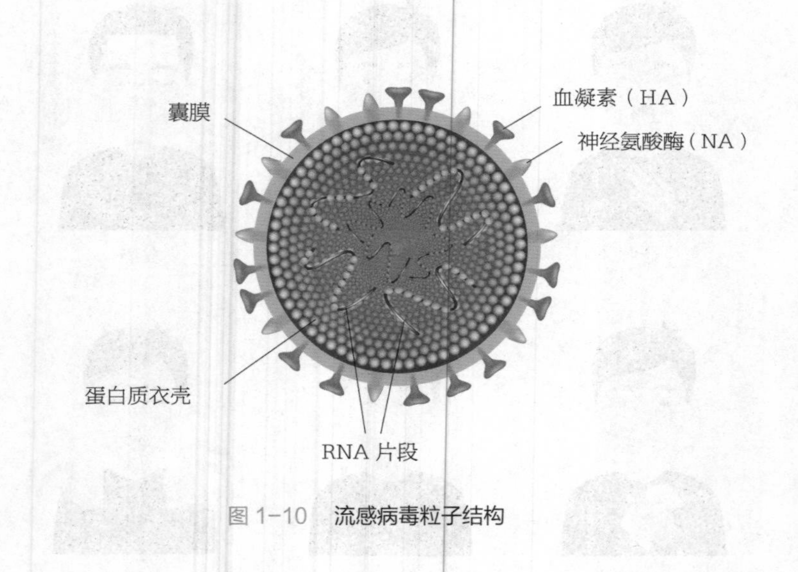

图 1-10　流感病毒粒子结构

流感病毒拥有“变脸”的能力，它是一种RNA病毒，在环境和外界因素刺激下容易发生基因变异，导致它们的“外貌”（也就是表面的HA和NA蛋白）也发生变化。有一些病毒引起的传染性疾病，只要患过一次就能获得终身免疫力，而流感病毒的超强“变脸”能力，却让免疫系统难以招架。比如，你今年患上了这场流感，对今年的流感病毒有了抵抗力，很可能逃不过明年那场流感，因为明年的流感病毒可能就是另一副面孔了。

SARS、MERS、SADS“三剑客”

突如其来的瘟疫（SARS）

如果说起21世纪第一个震惊全球的疾病，那就非“非典”莫属了。

重症急性呼吸综合征（Severe Actue Respiratory Syndrome，SARS），又称“非典”（非典型肺炎），是一种由SARS冠状病毒（SARS-CoV）引起的急性呼吸道传染病。

2002年12月10日，广东省河源市的一位农民发烧住进了医院，是至今有据可查的第一位“非典”病人，也是SARS冠状病毒暴发的起点。

2003 年 2 月 21 日，“非典” 进入中国香港。广东省一名 65 岁的医生入住了中国香港的宾馆，他在出发前曾治疗过“非典”病人，到达中国香港后开始出现症状。这名医生至少感染了 12 个人，几天之后，这些人又将病毒散播到越南和新加坡的相关医疗机构。与此同时，在越南和新加坡治疗过早期病例的医生外出国际旅行，于是疾病沿着航空旅行路线蔓延到世界各地。

2003 年 3 月 1 日凌晨 1 时，27 岁的山西籍女子于某由于多日持续高烧、呼吸困难，住进了解放军总医院。此时，“非典” 也传入了北京。

世界卫生组织在 2003 年 4 月 16 日正式宣布，“非典” 的病原体是一种新型冠状病毒。截至 2003 年 8 月 7 日，全球累计出现“非典”病例 8422 例，涉及 32 个国家和地区，“非典”死亡人数 919 人，病死率 11%；其中，中国确诊病例 5327 例，死亡 349 人。直至

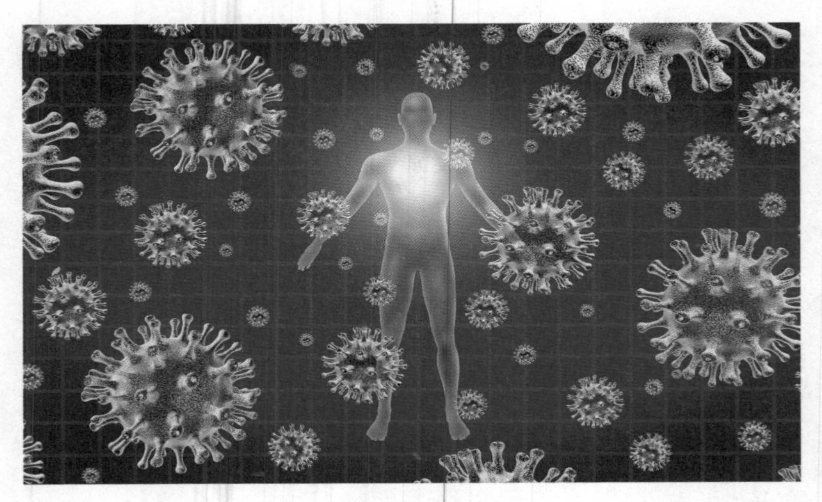

图 1–11　冠状病毒模拟图

2004年，“非典”疫情才最终消退，对这个新发病毒的溯源研究却未停止。

“非典”病例源起广东，这一地区有食用野生动物的习惯，所以研究人员先从野生动物市场入手。果然，在市场上的果子狸体内，检测到了SARS病毒。但是，进一步研究发现，果子狸虽然是直接传染源，却并不是SARS病毒的“天然宿主”。20世纪90年代，曾有两种严重的人畜共患病毒传染病分别在澳大利亚和东南亚暴发，根本源头都来自同一种动物——蝙蝠。这次“非典”会不会还是蝙蝠惹的祸？

图1–12　果子狸

2011年，中国的研究团队在云南的一个蝙蝠洞里，首次检测到了和SARS病毒更相近的SARS样冠状病毒的S基因。2013年，他们又从样品中分离出第一株蝙蝠SARS样冠状病毒的活病毒。而这一更相近的S基因，使得蝙蝠SARS样冠状病毒能够使用和SARS病毒相同的受体，能够感染人的细胞，这项成果刊载于2013年11月的《自然》杂志。

图 1-13　蝙蝠

“钥匙”终于找到了，全球对 SARS 病毒起源的分歧争论逐渐“趋于一致”。在持续多年的研究后，“非典”元凶变得更加清晰——SARS 病毒起源于菊头蝠。

沙漠里的“新非典”（MERS）

在“非典”暴发几年后，又有一种冠状病毒进入了人们的视线，这次“新非典”的暴发地在沙特阿拉伯。

2012 年 6 月 13 日，沙特阿拉伯一名 60 岁男子被送入当地医院。入院治疗时，他已经持续了 7 天发烧、咳嗽、浓痰和气短症状。在医院治疗 11 天后，病人因呼吸衰竭和肾功能衰竭而死亡。经病原学检测，病原体是一种新型冠状病毒，与引发“非典”的病毒同属冠状病毒家族，因此也有媒体将这种病毒称为“新 SARS 病毒”。

2013 年 5 月 23 日，世界卫生组织将这种疾病命名为“中东呼吸综合征”（Middle East Respiratory Syndrome, MERS），症状包括发热、咳嗽、呼吸困难、肺炎、肾功能衰竭和腹泻等消化

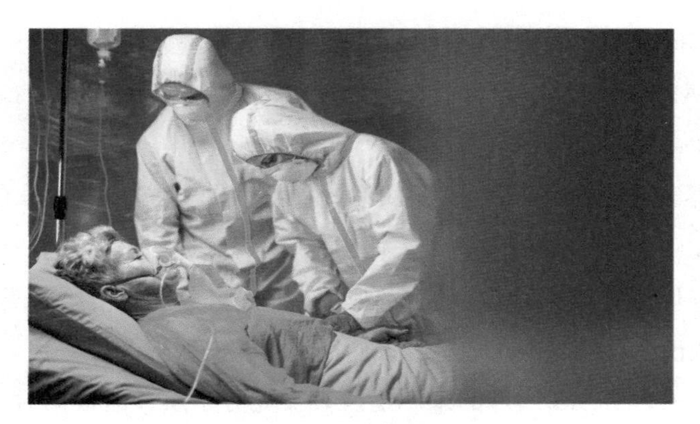

图 1-14　MERS 袭击人类

道症状。MERS 从沙特起源，继而在中东其他国家及欧洲等地区蔓延。

在中东和欧洲肆虐几年之后，MERS 的魔爪又伸向了亚洲。2015 年 5 月 20 日，韩国确认出现首例 MERS 患者，是一名 68 岁的男子，4 月中旬曾前往巴林、沙特阿拉伯及阿联酋等国旅行。5 月 4 日，该男子经卡塔尔返回韩国，随后出现发热、咳嗽等症状。

6 月 1 日，韩国境内出现首例 MERS 死亡患者，这名死者确定与首名被确诊男子有接触。截至 6 月 13 日，韩国感染 MERS 人数迅速增至 138 人，其中 14 人死亡，被隔离人数超过 3600 人。

韩国的疫情对中国也造成了影响。5 月 29 日，中国确诊了首例 MERS 病例，这名患者来自韩国，5 月 26 日乘飞机前往中国香港，后经广东省深圳市入境口岸前往惠州市。有了 SARS 的前车之鉴，中国政府积极采取防治措施，此后，中国未再报道一例 MERS 感染病例。

根据世界卫生组织 2012 年到 2015 年的数据，MERS 患者的病死率接近 40%，十年前，SARS 患者的病死率大约是 10%。

SARS 病毒的根源目前认为是蝙蝠，那么 MERS 病毒的来源又是什么呢？

科学家在埃及、阿曼、卡塔尔和沙特阿拉伯等一些国家的单峰骆驼中发现了 MERS 病毒，认为单峰骆驼可能是人类的一个感染源。但研究尚未确定，病毒是如何从骆驼身上传染给人类的，有推测说，可能是中东地区的人们饮用骆驼奶所致。

目前，MERS 病毒的来源还没有被充分了解，但根据对不同病毒基因组分析，科学家认为病毒很可能仍起源于蝙蝠，并在很久以前传给了骆驼。

图 1-15　骆驼是 MERS 病毒的中间宿主

猪在窝中躺，祸从天上来（SADS）

2016 年 10 月底，一场突如其来的祸事降临广东省清远市一个猪场：许多仔猪出现严重的急性腹泻、呕吐、体重迅速下降等症状。随着时间的推移，形势越发严峻，5 日龄以下仔猪病死率竟高达 90%，附近其他三个猪场也出现疫情。截至 2017 年 5 月，死亡仔猪高达 24693 头，给猪场带来了巨大损失。

为了搞清楚引起这几起猪场疫情的原因，研究团队对病猪样本进行了检测。在疾病暴发期，所有已知能引起猪腹泻的相关病毒检测结果竟都是阴性，也就是说，此次疫情可能由一种新病毒所引发。通过进一步研究，科研人员发现，罪魁祸首也是一种新型冠状病毒，他们将其命名为猪急性腹泻综合冠状病毒，简称 SADS 冠状病毒（Swine Acute Diarrhea Syndrome Coronavirus, SADS-CoV）。

SADS-CoV 与 SARS-CoV 看起来仅一个字母之差，它们之间是否有某种关联呢?

科研人员发现，感染致命“猪病毒”的猪场周围都有蝙蝠出没。他们对 SADS 进行了病毒基因组序列分析，结果发现 SADS 病毒与 2007 年首次发现的蝙蝠冠状病毒 HKU2 基因组序列高度相似，全长序列一致性达 95%，而囊膜蛋白（S 蛋白）的氨基酸序列一致性有 86%。这表明，HKU2 虽不是 SADS 冠状病毒的直接祖先，两者却在遗传进化上关系相近，SADS 冠状病毒可能也来源于蝙蝠。

随即，他们对 2013—2016 年在广东采集的 591 份蝙蝠样品进行了 SADS 冠状病毒特异性检测，结果发现，共有 58 份结果为阳性，阳性样品基本来自菊头蝠。其中，在疫情猪场附近蝙蝠洞穴中发现的一株冠状病毒与 SADS 冠状病毒的全基因组序列一致性高达 98.48%，而囊膜蛋白氨基酸序列一致性在 98% 以上。这表明，引起此次仔猪腹泻疫情的 SADS 冠状病毒，是来源于蝙蝠 HKU2 相关冠状病毒的跨种传播。

病毒又是如何通过蝙蝠传播给猪的呢？在进行了病毒生物学特性等方面的研究之后，科研人员认为，这种致命的“猪病毒”来自蝙蝠粪便，早在 2016 年 8 月，SADS 冠状病毒就已经存在于猪场中。幸运的是，根据对与病猪有密切接触的猪场工作人员的血清学调查结果，尚无证据显示 SADS 冠状病毒可进一步跨种感染人类。

蝙蝠，怎么总是你！

上文所说的 SARS、MERS 和 SADS 都是由冠状病毒引发的疾病，冠状病毒是一类广泛存在于自然界的病原体。

1937 年，科学家首先在鸡身上分离到了冠状病毒。1965 年，研究人员又分离出第一株人的冠状病毒。这种病毒的外形很有特点，在电子显微镜下可观察到它的囊膜上有着明显的棒状突起，看上去像中世纪欧洲帝王的皇冠，因此得名“冠状病毒”。

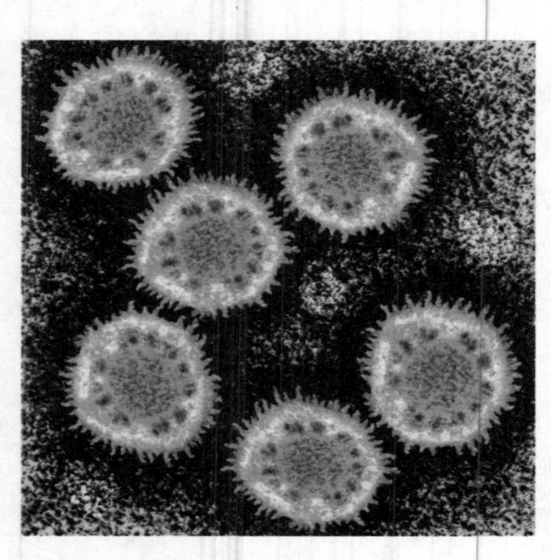

图 1–16　冠状病毒看上去像皇冠

冠状病毒直径约为60—220纳米。病毒粒子外包裹着脂肪膜，膜表面有三种糖蛋白，各自分工不同：刺突糖蛋白是受体结合位点、溶细胞作用和主要的抗原位点；小包膜糖蛋白是与囊膜结合的蛋白；膜糖蛋白负责营养物质的跨膜运输、新生病毒出芽释放和病毒外囊膜的形成。病毒的核酸为非节段单链（＋）RNA，长度27—31千道尔顿，是所有RNA病毒中基因组最大的一类。

目前为止，科学家共发现了15种冠状病毒毒株，能够感染多种哺乳动物和鸟类，有些可使人类致病。目前确定SARS和SADS的来源都是蝙蝠，而MERS的直接来源虽是单峰骆驼，但是病毒很有可能是从蝙蝠身上传播过去的，这说明蝙蝠是病毒跨种传播的重要“中转站”。

对研究病毒的学者来说，蝙蝠的地位十分特殊。蝙蝠身上能携带超过100多种毒性极强、凶险无比的病毒，是真正的高致病性病毒的“蓄水池”。许多烈性传染病暴发世界性或地域性大流行，都与蝙蝠脱不开关系。神奇的是，蝙蝠却能活得好好的，简直是“百毒不侵”。

为什么蝙蝠能够携带病毒而不发病？作为唯一一类演化出真正有飞翔能力的哺乳动物，蝙蝠的新陈代谢水平非常高。为了适应飞行，它们在进化中进行了适应性突变，从而直接或间接地影响了自身的天然免疫系统，这让它们携带病毒却极少出现病症。于是，蝙蝠成了上百种病毒的自然宿主。

作为一种能够飞行的动物，蝙蝠可以四处闯荡，本身就具备了快速传播传染病的能力。此外，蝙蝠是群居动物，居住在阴暗潮湿的洞穴里，彼此之间很容易扩散病原体，形成野生的交叉感染环境；一旦某种病毒出现在一只蝙蝠身上，就会很快被更多蝙蝠携带。

2016年，科研人员发现，能在人类与蝙蝠体内共存的病毒种类非常之多，撒哈拉以南非洲是病毒跨物种传播发生率最高的区域，该地区一些地方跨物种传播病毒高达16种。基于研究建立的驱动病毒跨物种传播模型显示，一个地区栖息的蝙蝠越多，病毒跨物种传播的风险就越大。

除了蝙蝠以外，其他野生动物也会携带病毒，比如禽流感病毒（候鸟、禽类）和艾滋病病毒（黑猩猩）等。随着经济全球化和人类活动的勃兴，野生动物的栖息地被破坏，人类与野生动物接触增多，近年来，病毒由动物跨种传播人类的新发传染病也不断暴发。非法捕猎和高人口密度也会扩大疾病风险，导致动物把疾病传播给人类，制造更多的感染机会。

图1–17　野生动物携带多种病毒，请拒绝野味

“杀手”埃博拉

血疫：无影无踪的杀手

“感动中国”2014 年度人物特别奖的颁奖词这样说道：“这些都是远渡重洋到非洲大陆上抗击埃博拉的中国医生，他们在那里以勇气和科学铸铜墙铁壁，我们以这座奖杯向他们致以崇高的敬意。”获得这一荣誉的正是抗击埃博拉病毒（Ebola virus）的中国援非医疗队。

2014 年 3 月，西非突然暴发了埃博拉出血热疫情。这种病毒感染性强，病死率极高，令人闻之色变。几内亚、利比里亚、塞拉利昂等三个非洲国家迅速成为重灾区，而且疫情还在继续蔓延，不但周边国家受到威胁，疫情甚至扩散到北美和欧洲。

在这种危急情况下，中国医生选择了坚守，中几（中国—几内亚）友好医院医生借鉴当年抗击“非典”的经验，制定出一整套疫情应急方案，并向几内亚工作人员和当地华人华侨广泛宣传、普及疾病防控知识。很快，中国后援医疗队抵达，开始了一场国际人道主义救援大接力。

2014 年 8 月 8 日，世界卫生组织发布声明，宣布西非埃博拉出血热疫情为“国际关注的突发公共卫生事件”，建议疫情发生国宣布国家进入紧急状态，严格落实防控措施。

声明发布的第二天，中国政府决定派出三支专家组分赴西非

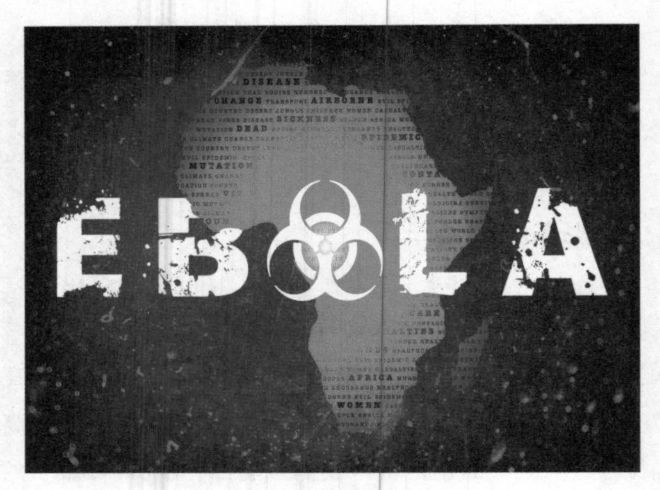

图 1-18 非洲暴发埃博拉疫情

三国，对当地防控埃博拉疫情进行技术援助。同时，紧急人道主义援助物资于当地时间 11 日分别运抵三个国家。

9 月，中国增援的医疗队和检测队共 59 人抵达塞拉利昂。11 月，又一支队伍从中国出发，远赴千里之外的利比里亚，一所拥有 100 张床位的埃博拉出血热诊疗中心很快建立了起来。2015 年 1 月 12 日，在中心就诊的三名埃博拉患者康复出院。

迄今，中国在当地支持并参与疫情防控工作的医务人员累计有近 600 名，并向 13 个非洲国家提供了共四批次价值 7.5 亿元人民币的紧急援助。

埃博拉病毒令世界各国谈“埃”色变，而它已经不是第一次出现了。

埃博拉病毒的首次出现，是 1976 年两起同时发生的疫情。一起疫情发生在刚果民主共和国内靠近埃博拉河的一个村庄，另一起则出现在苏丹一个边远地区。在刚果民主共和国，埃博拉病毒造成 318 例感染，其中 280 例死亡，病死率高达 88%！苏丹地区有 284 人感染，151 人死亡，病死率为 53%。

2013 年，埃博拉出血热卷土重来。12 月 6 日，在几内亚东南部一个小村庄，一名 2 岁男孩因感染埃博拉病毒而丧命，来参加葬礼的亲朋好友也纷纷被传染。

2014 年 2 月，几内亚率先暴发了埃博拉出血热疫情，而后迅速扩散到其他西非国家。世界卫生组织新闻公报统计，截至 2014 年 7 月 27 日，西非各国共计报告埃博拉病毒感染病例 1323 例，其中 729 例死亡。

这场暴发较以往埃博拉出血热疫情有以下几个鲜明的特点：一是感染人数和死亡人数超过以往任何一次疫情；二是以往的疫情局限于某一部落村庄，而此次疫情呈现多国、多地点流行；三是疫情极有可能走出非洲大陆。

由此，全世界拉响防控埃博拉出血热的红色警报。

纠缠的“毒蛇”

埃博拉出血热是由埃博拉病毒导致的一种严重的致命传染病。埃博拉病毒是 RNA 病毒，在病毒学分类中是丝状病毒科（filovirida）成员，这个名称来自拉丁语“filum”，意为“线丝样”，正因该科病毒的结构为丝状。

埃博拉病毒是以首次暴发疾病村庄附近的埃博拉河命名的。在埃博拉病毒属中又包括了五个不同的种，分别是：本迪布焦型

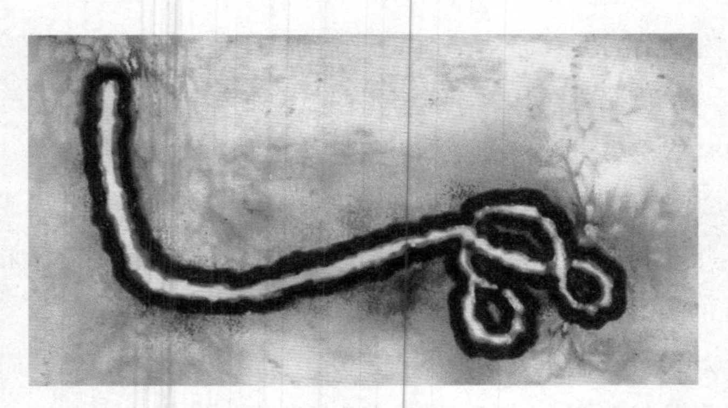

图 1-19　显微镜下的埃博拉病毒像纠缠着的毒蛇

埃博拉病毒、扎伊尔型埃博拉病毒、雷斯顿型埃博拉病毒、苏丹型埃博拉病毒和塔伊森林型埃博拉病毒。除了雷斯顿型埃博拉病毒是在亚洲的菲律宾发现的，其他四种都在非洲发现。2014 年的埃博拉疫情就是由扎伊尔型埃博拉病毒引起的。

埃博拉病毒进入人体后，会攻击巨噬细胞和肝细胞，然后利用这些细胞大量生成两种糖蛋白（Glycoprotein, GP），即一个分泌型的蛋白（secreted GP, sGP）和一个全长的跨膜 GP。GP 形成的三聚体黏附在血管内表面，sGP 形成二聚体攻击中性粒细胞；再加上最初受到攻击的巨噬细胞和肝细胞，人体在这种猛烈攻击下严重受损，最终导致患者体内大量出血、器官衰竭而死亡。如果人们接触了被感染的动物，或者接触了被感染人的体液，就会遭到病毒感染；多数病例是人际传播造成的，感染者的血液、其他体液或分泌物通过破损皮肤或黏膜进入人体；当皮肤或黏膜破损的人与受感染者体液污染的物品或环境发生接触时，也可发生病毒感染，比如脏衣物、床单、手套、防护装备注射器和医疗废弃物等。

埃博拉病毒属于生物安全四级病原体，要想开发可用的预防性疫苗或有效的药物必须在 P4 实验室里进行，世界上拥有这种最高安全级别实验室条件的国家和地区本来就不多，并且开展相关研究的难度比较高，因此对全球构成的潜在威胁极大。原本埃博拉病毒极少走出非洲，不过，随着世界各地交往越来越频繁，埃博拉病毒对人类的威胁会越来越大。

烟草“种”抗体

埃博拉病毒的威胁如此之大，不仅疫区的民众，各国援非医护人员也存在极大感染风险。我们有什么办法对抗它吗？有的，比如抗体。

两名在利比里亚工作的美国医护人员——肯特 · 布莱德利和南希 · 怀特波尔不幸感染埃博拉病毒。不幸中的万幸是，他们在试用了一种药物后，身体迅速得到好转。这种仍处在实验阶段的新药物叫“ZMapp”，由三种单克隆抗体混合制成。

“抗体”是免疫系统用来标记和摧毁外来物质的蛋白质。“单克隆抗体”也是一种抗体，但它并不是生物体自然产生的，而是在实验室制造出来的，它对付入侵病毒的秘诀就是“单一特异性”。病毒表面有一些特殊结构的凸出物，会“紧紧抓住”人体内的目标细胞实施入侵。比如埃博拉病毒颗粒向外伸出一根根“长钉”，一旦“嵌入”目标细胞的表面，病毒就能够进入细胞并大量复制；而生物体免疫系统产生的“特异性”抗体能结合到埃博拉病毒颗粒上，阻止病毒对细胞的破坏。

为了得到新药 ZMapp，科学家先用埃博拉病毒上的“长钉”蛋白刺激小鼠，使小鼠产生结合“长钉”的抗体，而后改造小鼠的抗体使其更接近人类的抗体。在快速大量生产抗体的过程中，科学家还求助于一位有趣的盟友——烟草。科学家先将经过改造后的抗体基因导入烟草叶中，烟草生长大约一周后，人们就可以大量收获叶片，提取和纯化蛋白，获得所需单克隆抗体。

一幕好戏就上演啦：“植物”单克隆抗体大战埃博拉病毒！

图 1–20　烟草

中国研发埃博拉疫苗

病毒是公共健康的无形杀手，是国家安全的隐形威胁。相对于病毒感染之后的治疗药物，疫苗往往是“拒敌于千里之外”的更好选择，埃博拉疫苗也是世界各国科技攻关的重点。

世界首个2014基因型埃博拉疫苗由中国军事医学科学院陈薇研究员带领团队研发，开创了我国自主研发疫苗在国外开展临床试验的先河。

2006年，这支团队就开展了埃博拉病毒相关研究，虽然当时并没有暴发疫情，但是团队却敏锐地觉察出危险“离我们也就是一个航班的距离”。

2014年，西非大规模暴发埃博拉疫情，走出非洲到达欧洲和美洲。基于前期工作基础，中国团队经过日夜奋斗攻关，研发了全球首个进入临床的2014基因型埃博拉疫苗，这是我国完全自主研发的疫苗第一次走出国门，在境外进行临床试验，也为疫区的民众打开了拯救生命的大门。

陈薇因率领团队成功研制埃博拉疫苗而入选“2015年度十大科技创新人物”，对此她表示：“我特别自豪，在中非共同抗击埃博拉的日子里，贡献了我们的才智。”

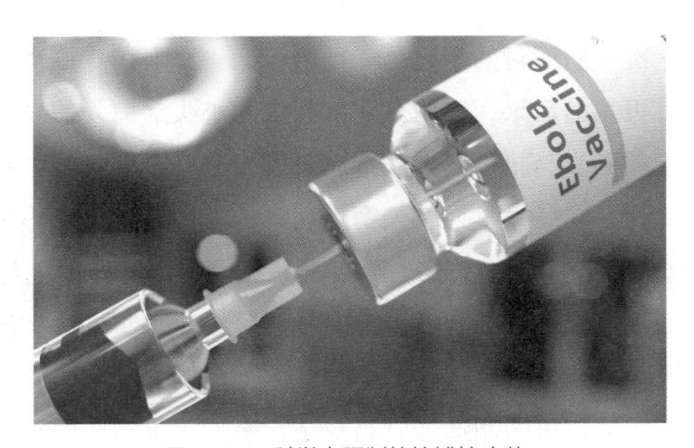

图1–21　科学家研制的埃博拉疫苗

寨卡，都是蚊子惹的祸

不只是吸血

说起 2016 年巴西的里约热内卢奥运会，除了留在人们印象中的热情桑巴舞，还有一种很陌生的病毒——寨卡（Zika）病毒。当时，巴西是寨卡病毒暴发的重灾区，在奥运会前已有超过 150 万人感染，有 150 名科学家、医生和医疗工作者联名向世界卫生组织建议奥运会延期举行，不少运动员更是因为害怕被病毒感染而放弃参赛机会。

2015 年，巴西的医务工作者开始注意到寨卡病毒感染病例数有所增加，原本以为只是寨卡病毒病例数的增加，不料随之而来的却是新生儿小头症病例的惊人增长。到这一年秋季，科学家意识到，这次人们面对的不只是一场流行病。寨卡病毒疫情背后可能隐藏着可怕的后果，巴西东北部新生儿小头症惊人的发生频率在时间上差不多与报道寨卡病毒感染发生率飙升期契合。在巴西的巴伊亚州，在妊娠早期感染寨卡病毒的女性，生出患小头症的婴儿的概率从 0.02% 上升到了 0.88%—13.2%。世界卫生组织于 2016 年 2 月 1 日宣布，小头症和其他神经疾患聚集性病例已构成“国际关注的突发公共卫生事件”。

这场奥运危机的制造者就是蚊子，寨卡病毒造成的小头症和吉兰 - 巴雷综合征就是典型的蚊媒传染病。

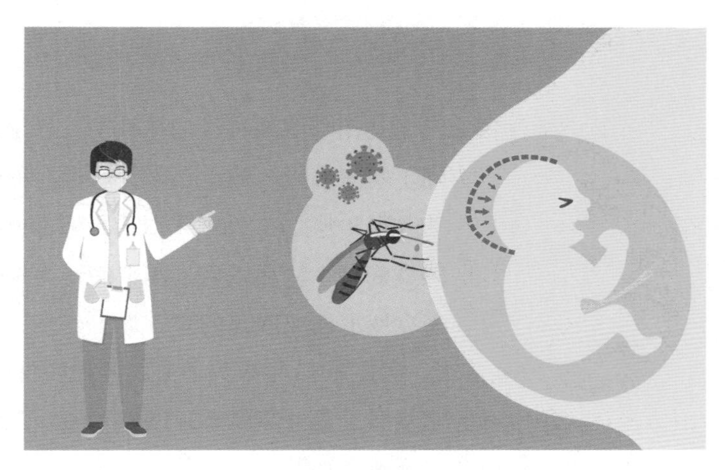

图 1-22　蚊子传播的寨卡病毒可导致新生儿小头症

因为大脑发育异常，患小头症的婴儿的头部明显小于正常婴儿，可能有癫痫发作、发育迟缓、智力低下、听力残疾等症状。在动物实验中，寨卡病毒直接侵袭试验动物的脑部，破坏神经细胞，使大脑组织软化，引发严重损害。

成人感染寨卡病毒可能会导致吉兰 - 巴雷综合征，这是一种人体自身免疫系统攻击其周围神经的罕见病症，患者可能会瘫痪。

蚊媒传染病是通过蚊虫叮咬传播给人类及动物宿主的疾病。在自然界中，蚊媒病毒通过“人 / 动物宿主—蚊”之间的循环传播：蚊虫借由吸血过程，从感染宿主的血液中吸取病毒，然后再次叮咬时将病毒传播给新的宿主。蚊子能够携带和传播数百种人类烈性病毒，如登革热、寨卡热、西尼罗脑炎等疾病病毒，导致每年数亿人感染。近年来，多种新发和再发的蚊媒传染病给人类及全球公共卫生安全带来严重威胁和负担。

何方“神圣”？

1947 年，在非洲国家乌干达南部湿地边缘的丛林中，科学家第一次在恒河猴身上收集到了寨卡病毒。数十年来，病毒在猴子和蚊子之间传播，几乎不曾感染人类。在 2007 年以前，病毒也没有造成非洲和亚洲以外的感染病例。从那以后，寨卡病毒突然进入了太平洋地区，首先在密克罗尼西亚联邦的雅普岛上暴发，并从太平洋向东传播。紧接着，病毒 2013 年来到了法属波利尼西亚，然后到达智利。2014 年，它侵袭了复活节岛。2015 年 5 月，巴西发现了首个病例。在巴西，寨卡病毒开始发展壮大，从南美洲蔓延到了北美洲，迅速在美洲获得立足之地。

在欧洲疾病预防与控制中心 2015 年 12 月 10 日的报告中，不到 9 个月的时间里，巴西感染寨卡病毒的人数已多达 130 万，估

图 1–23　寨卡病毒 3D 打印模型

计实际数字更高。据泛美卫生组织和世界卫生组织报告，寨卡病毒已经席卷拉丁美洲和加勒比海的18个国家，并且继续攻城略地。

寨卡病毒属于黄病毒科中的黄病毒属，与其他蚊媒传播的黄病毒属疾病如登革热、日本脑炎、黄热病、西尼罗河病毒病密切相关。它是一种有包膜的单链RNA病毒，在结构上呈二十面体对称。

寨卡病毒具备迅速变异的能力，在过去70年，病毒已经经历了显著的遗传变化。有研究表明，这些突变可以使寨卡病毒更有效地复制，逃避机体的免疫应答或侵入新的组织，让病毒的传播更加迅速。

目前，几乎所有已知的寨卡病例均经由蚊子叮咬传播。蚊子日常进食过程中会不经意摄入寨卡病毒，病毒在接下来的10天内从蚊子肠道转移到循环系统，随循环系统迁移到唾液腺，一旦蚊子再次叮咬新的宿主，寨卡病毒就会注射到宿主体内，致使寨卡疾病传播。

所有蚊子都会传播寨卡病毒吗？并不是。埃及伊蚊和白纹伊蚊这两种蚊子是寨卡病毒在美洲蔓延的罪魁祸首。它们在生态习性上各有差异，埃及伊蚊属于昼出夜伏型户外进食者，它们活动范围也非常大；相较而言，白纹伊蚊喜欢在室内觅食，主要在早晨和夜间活动。这两种蚊子在行为学上如此互补，可以对人类实施全天候无缝攻击。

寨卡病毒利用蚊子飞翔的生态特征得以大肆传播，在日益加剧的城市化、落后的卫生条件和气候变化的驱动下，蚊子的生活

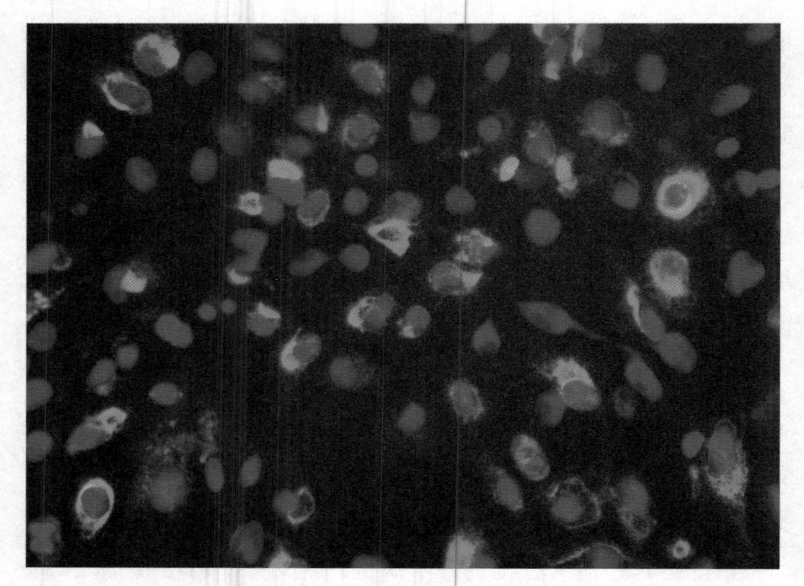

图 1-24　寨卡病毒（绿色）感染蚊子细胞

领域正在迅速扩大，令人十分恐慌。

15 世纪以前，埃及伊蚊只生活在非洲，近年却发现，它们主要分布在赤道附近的热带区域；而现在，阵地向北已延伸到美国弗吉尼亚州的区域。与之类似，在过去的 75 年中，白纹伊蚊也从其原产地南亚次大陆扩散到从南美洲巴塔哥尼亚地区到美国马萨诸塞州的新领地。蚊子的势力范围扩大了，与之相伴的正是寨卡病毒的大扩散。

阻击寨卡

那么寨卡病毒要如何对付呢？在最短时间内迅速检测出感染

者、对感染地区或场所进行喷洒式消毒、开展灭蚊运动等，还有用抗病毒疫苗和药物来抵御病毒攻击。尽管目前还没有疫苗产品被批准上市，但是科学家已经在开发三种新型候选寨卡疫苗，实验证明能够有效保护小鼠和恒河猴免受病毒感染，其中两种疫苗率先进入一期临床试验。在治疗药物方面，也发现这三种疫苗具有抗寨卡病毒感染作用，还有待进一步的实验验证以及临床效果评估。

除了疫苗和药物，科学家还以下面新的方法控制蚊子数量，从源头上阻击寨卡病毒。

释放转基因蚊子，减少蚊子后代数量　转基因蚊子，这种蚊子必须靠一种抗生素才能活到成年。因为只有雌蚊会叮咬人类，所以释放雄蚊不会传播疾病。雄蚊释放后与野生雌蚊交配，将这种自限性基因传给后代。根据试验报告，在巴西、开曼群岛和巴拿马进行的五次小规模试验，使得蚊子数量减少了 90% 以上。自 2015 年 4 月起，巴西圣保罗州的皮拉西卡巴市部署释放转基因蚊子，一月报告的中期结果已经显示野生蚊子幼虫减少了 82%。

寄生感染蚊子，丧失蚊子生育能力　沃尔巴克氏细菌主要生活在节肢动物和一些线虫中，寄生在细胞内的细胞质中，所以卵子是最容易被感染的，因为卵子拥有丰富的细胞质，而细菌在精子中却难以存活。这是一种非常狡猾的寄生细菌，它们分别在被感染的蚊子中释放“毒药”和“解药”：雄性蚊子精子中是“毒药”，雌性蚊子卵子中是“解药”。如此一来，“中毒”的雄性蚊子只能和“解毒”的雌性蚊子交配来繁衍后代，否则，就会产生胞质不相容性现象，无法产生后代。它能通过强制雌性化、孤雌生殖和雄性致死等方式对宿主昆虫的生殖行为施加不利影响。对于沃尔巴克氏细菌而言，携带细菌的蚊子相对比率更大；对于人类而言，种群的蚊子绝对数量更小。

病原微生物灭蚊，蚊子也得传染病 球形芽孢杆菌是目前应用最广、使用最成功的灭蚊病原微生物，不仅灭蚊选择性强，而且对人畜无毒性，在自然界中易降解，不污染环境。比如，在养殖场等环境中灭蚊面临很多难题：排污量大、积水容器多、易滋生多种蚊类、蚊虫活动范围广，在这种条件下使用球形芽孢杆菌制剂能有效控制蚊虫的滋生。与苏云金芽孢杆菌相比较，球形芽孢杆菌的杀蚊谱较窄，联合使用两种制剂，协同扩大杀蚊谱，延长药物维持时间，并预防或延缓蚊子幼虫对球形芽孢杆菌产生抗性，大大地提高灭蚊功效。

图 1-25 环境灭蚊预防蚊媒传染病

艾滋病的红丝带

令人畏惧的敌人

2003 年，由美国军方、泰国公共卫生部等机构联合实施了新型艾滋病疫苗 RV144 项目，共有 1.6 万多名泰国志愿者参与。2007 年，这项艾滋病疫苗试验被叫停。原因是在 8197 名接受疫苗注射的志愿者中，有 51 人感染了艾滋病病毒，在 8198 名未接受疫苗注射的志愿者对照组中，有 74 人感染了艾滋病病毒，也就是说，注射疫苗组的感染风险降低了 31.2%。

如果一种疫苗免疫效果只能降低不足三分之一感染风险，说明远未达到可以大规模进入临床应用的预期。RV144 项目只是人类在对抗艾滋病无数次失败后又前进的一小步，艾滋病自发现之日就难以对付，那么究竟是谁发现了导致艾滋病的真相呢？

2008 年诺贝尔生理学或医学奖颁给了三位欧洲科学家，他们发现了两种引发人类致命疾病的病毒。一位是德国海德堡癌症研究所的生物学家哈拉尔德 · 楚尔 · 豪森，他发现并确认了女性宫颈癌的罪魁祸首——人乳头瘤病毒（Human Papilloma Virus, HPV）；另外两位是法国科学家弗朗索瓦丝 · 巴尔 - 西诺西和吕克 · 蒙塔尼，他们在 1983 年发现了艾滋病元凶——人类免疫缺损病毒（Human Immunodeficiency Virus，HIV）。

最早发现艾滋病的不是西诺西和蒙塔尼，而是一位法国临床医生威利·罗森鲍姆。1982年底，罗森鲍姆联系了巴斯德研究所，声称他发现了一种奇怪的疾病，当时法国约有50例病人出现了这个疾病的症状。

科学家们明白，要想确定这是什么疾病，关键是找到处于疾病初期的患者，因为在这个阶段的病毒处于复制活跃期，最可能分离并鉴定病原病毒。这时有一名年轻患者处于艾滋病无症状感染期，他的颈根部出现了肿大淋巴结，其中一块组织被送往巴斯德研究所进行活检。

通常，活检需要等待一两个月培养时间，西诺西和蒙塔尼并没有静静等待，而是每隔一两天就观察一次细胞的生长情况。经过两周的努力，果然，他们发现培养液中的细胞开始大量死亡。

这时，他们又从健康人的血液中分离出淋巴细胞，放入了含有病毒的培养液中，细胞开始大量增殖，随后大量死亡。终于，他们确认正是培养液中的未知病毒导致细胞的大量死亡。至此，西诺西和蒙塔尼等人第一次发现了艾滋病病毒的踪影。

时至今日，三位“病毒”猎手的工作已为后继科研工作者发扬光大，不断有HPV疫苗和HIV药物面世的消息公布。历史上同一份诺贝尔奖往往多人分享，然而一份奖项颁给两个不相关的研究却是少数。对此，该奖项委员会在回答诺贝尔奖基金会的采访中说：“这些独立工作，每一个都配得上诺贝尔奖的殊荣。”

瑞典卡罗林斯卡医学院在新闻公报中说，发现艾滋病病毒是“从生物学上了解艾滋病和其反逆转录病毒疗法的首要条件”，“导致了艾滋病诊断和血液产品筛选方法的出现，艾滋病预防与治疗的结合有效减缓了艾滋病的流行，并大幅提高了艾滋病患者的平均寿命”。

背后的真相

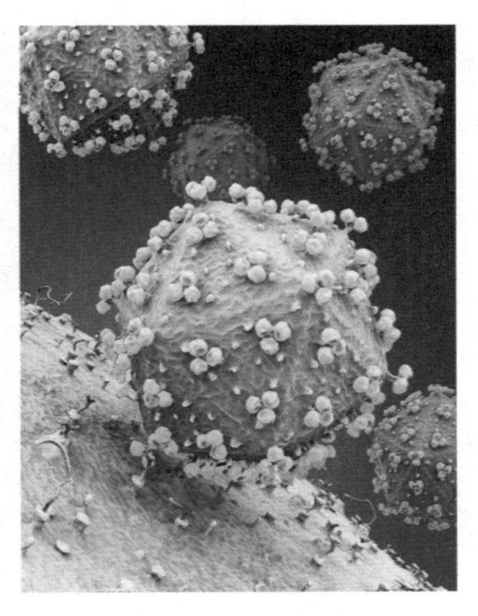

图 1–26 艾滋病病毒模拟图像

HIV 病毒就是人类免疫缺陷病毒，它是一种慢病毒，属于逆转录病毒的一种，能够感染人类重要免疫细胞。病毒直径约 120 纳米，呈二十面球体。病毒外膜是磷脂双分子层，上面嵌有蛋白质，病毒基因组是两条相同的正股 RNA。

HIV 感染人体后，造成免疫细胞功能缺陷，无法对癌细胞或病原体产生正常抵抗力，多数患者最终将死于肿瘤或机会性感染。也就是说，被 HIV 感染的免疫系统仿佛破碎的长城，在入侵机体的敌军面前形同虚设。

感染初期，患者不会表现出明显症状；随着时间的推移，免疫系统开始变弱，患者更易遭受其他恶性疾病的感染；最后阶段是获得性免疫缺陷综合征（艾滋病），人体几乎完全丧失了免疫功能。HIV 感染者可能经过 10—15 年才会发展到艾滋病阶段，抗逆转录病毒药物可以进一步延缓这一进程。

为什么 HIV 这么难以对付？第一，HIV 是一种 RNA 病毒，它会使用逆转录酶把自己的 RNA 整合到细胞的 DNA 中，在这个过程中有大量突变机会，因此，病毒自身很快会针对性地产生抵抗力。第二，HIV 感染人体以后，把自己的 RNA 逆转录成 DNA 整合进宿主细胞基因组中，免疫系统不会对这些 DNA 做出反应，但是，当细胞分裂和复制的时候，病毒就能被一起复制。

这样的话，病毒保持数年的休眠状态，也可能会变得活跃起来，夺取对细胞的控制权。更可怕的是，病毒在活跃之前，可能通过性行为或血液进行传播，而患者却不知情。

鸡尾酒疗法

虽然 HIV 十分狡猾，科学家还是寻找到了对抗它的办法，比如鸡尾酒疗法。

1995 年美籍华人科学家何大一提出，将当时已有的逆转录酶抑制剂和蛋白酶抑制剂两大类药物，以 2—4 种药物组合在一起用药治疗艾滋病。这种方法被称为“高效抗逆转录病毒治疗方法”，因其类似鸡尾酒的配置过程，故又被称为“鸡尾酒疗法”。鸡尾酒疗法的应用克服了病毒耐药性问题，第一次让长期控制艾滋病成为可能，成为国际公认的标准治疗手段。

用于治疗 HIV 感染的药物是根据 HIV 的生命周期开发的，病毒复制、附着和进入细胞需要三种重要酶：逆转录酶、蛋白酶和整合酶，治疗药物主要是抑制这些酶。

鸡尾酒疗法的诞生源于联合用药的概念，不管是单独服用上述哪种药物，HIV 都会毫无例外地对其产生耐药性。HIV 之所以产生耐药性，是因为病毒在复制过程中发生突变。最有效的治疗方法是联合使用三种或更多种药物，降低病毒复制过程中的突变率，减少单一用药产生的耐药性。

在HIV感染早期采用鸡尾酒疗法，能够使得CD4免疫细胞计数维持正常，CD4/CD8免疫细胞比值增高，淋巴结保持完整，明显降低血液和组织中的病毒量。目前，在欧洲、部分亚洲国家和美国，许多HIV急性和慢性感染者已经应用了这些抗病毒药物联合治疗方案。

鸡尾酒疗法同样可以用于预防医源性HIV感染。美国对260名医护人员的调查显示，如果医护人员在工作过程中被带有艾滋病病人血液的利器刺伤皮肤，只要能在2小时之内服药，被感染的风险为零。

鸡尾酒疗法是目前为止被认为最有效的控制HIV复制的治疗方法。不过这种疗法也有局限性：如对早期艾滋病患者有效，对中晚期患者帮助不大，因为这些病人免疫系统已被破坏而难以逆转；此外，这种疗法的成本较高，会产生副作用，尽管如此，人们依然看到了战胜艾滋病的曙光。

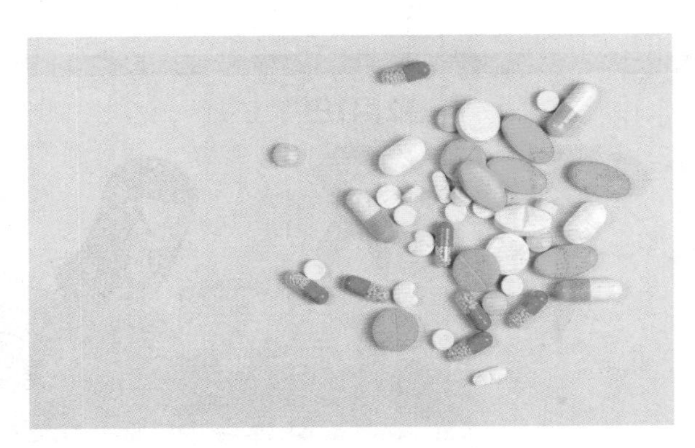

图1–27　用于鸡尾酒疗法的多种药物

飘扬的红丝带

你知道12月1日是什么日子吗？

1987年8月，世界卫生组织官员提出设立世界艾滋病日，旨在提高公众对人类免疫缺陷病毒引起的艾滋病在全球传播的意识，并对死于该疾病的人表示哀悼。从1988年开始，每年的12月1日被定为世界艾滋病日。

艾滋病已成为全世界有史以来最重要的公共卫生议题。截至2017年，艾滋病已造成全球2890万至4150万人死亡。据估计，共有3670万人携带HIV。不过，近年来，世界许多地区都能够获取抗逆转录病毒药物，艾滋病的年死亡人数自2005年最高点开始减少，从190万人降到2016年的100万人。

世界卫生组织希望在2030年前终结艾滋病传播，实现这一目标的首要任务是加速大幅度开展HIV检测，避免患者在不了解自身病情的情况下散播艾滋病毒。当然，正确对待身边的艾滋病患

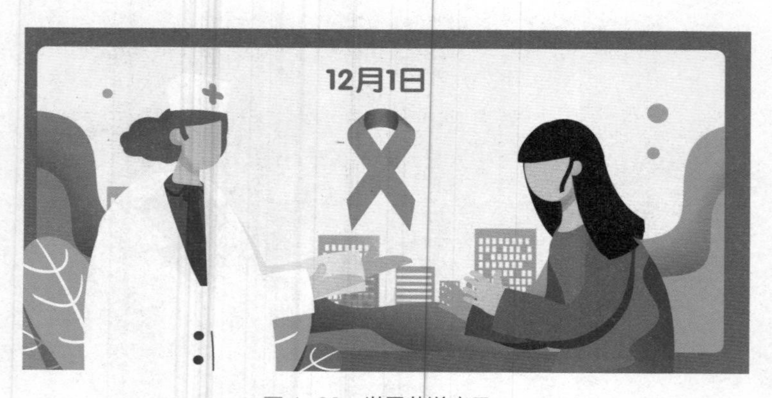

图1–28 世界艾滋病日

者也非常重要。

在医学上，艾滋病的三种传播途径是性传播、血液传播和母婴传播。从传播途径上来看，艾滋病并没有想象中那么可怕，艾滋病病毒在外界环境中生存能力很弱，离开人体后会很快死亡。因此，人们不应该把艾滋病病人视为洪水猛兽，一般的交往和接触，如谈话、乘车、乘船、出行、进餐等，是不会被感染的。

在观念上，艾滋病或许还有“第四种”可怕的传染途径，那就是歧视。

20世纪80年代末，人们视艾滋病如瘟疫一般，唯恐避之不及。艾滋病患者备受歧视，造成了很多问题：高危人群不愿进行HIV检查；病情得到控制的患者难以回归社会；一些患者甚至报复社会，故意传播病毒。

在世界艾滋病大会上，艾滋病患者和艾滋病病毒感染者发出呼吁，希望获得人们的理解。当时，一条长长的红丝带抛向会场上空，支持者将红丝带剪成小段，并用别针别在胸前。从此，红丝带逐渐成为呼唤全社会关注艾滋病防治问题、理解和关爱艾滋病病毒感染者以及艾滋病病人的国际性标志。许多关注艾滋病的爱心组织、医疗机构也纷纷以红丝带命名。

我们应当明白，与艾滋病病人（包括艾滋病病毒携带者）相处时，既不能抱着无所谓的态度，也不要谈“艾”色变。从科学的角度说，艾滋病并不可怕，掌握艾滋病知识、改变不良行为，才是预防和控制艾滋病的最重要措施。

图 1-29　红丝带标志——关爱艾滋病人，抗击艾滋病

“易感”的乙肝

沉重的肝疾病

曾经有一个不太好听的说法，中国是“乙肝大国”。我们都知道，乙型肝炎是由乙型肝炎病毒（Hepatitis B Virus, HBV）引起的，能够导致严重肝脏疾病和肝癌。在全球 3.5 亿至 4 亿的乙肝病毒携带者中，有 75% 在亚洲，中国大约有 1.3 亿人。世界卫生组织在 2016 年估计，在全球范围内，中国患肝炎的人最多，当时大约有 9000 万慢性乙肝患者，2800 万人需要治疗，700 万人需紧急治疗。

笼罩在我国人民健康头上的乙肝病毒究竟是何方妖魔？

乙肝病毒是一种 DNA 病毒，属于嗜肝 DNA 病毒科。它的宿主也很特殊，目前，科学家发现 HBV 只能感染人和猩猩。

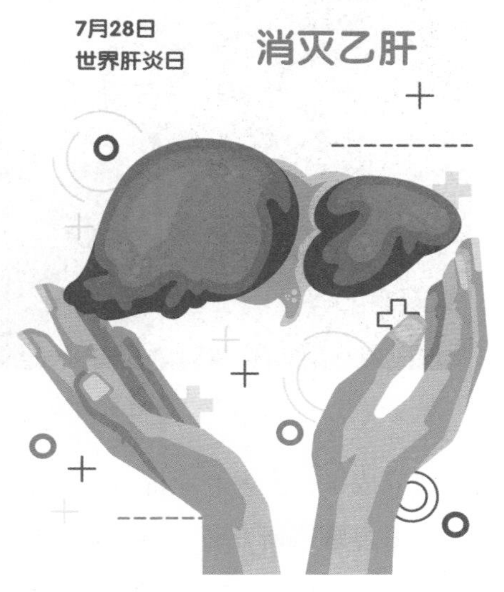

图 1-30　每年 7 月 28 日为世界肝炎日

完整的 HBV 呈颗粒球状，直径为 42 纳米，大约是一个普通鸡蛋的百万分之一。颗粒分为外壳和核心两部分。乙肝表面抗原（HBsAg）是乙肝病毒的外壳蛋白，被外壳包裹的病毒遗传物质是部分双链环状 DNA。

20 世纪 40 年代，英国医生麦克卡勒姆和他的同事们命名了甲型肝炎和乙型肝炎，前者通过消化道传播，后者通过血液传播。但在随后的十几年中，人们一直没有找到乙型肝炎的病原体。

1963 年，当时在美国国立卫生研究院工作的巴鲁克 · 塞缪尔 · 布隆伯格医生发现，一名血友病患者的血清可与一名澳大利亚土著人血清中的抗原发生反应，他将其称为澳大利亚抗原（简称“澳抗”，也就是现在的乙肝表面抗原）。在此后的研究中，布隆伯格假设澳大利亚抗原应该与病毒性肝炎相关。

1967—1968 年间，布隆伯格与另外几位学者几乎同时正式报

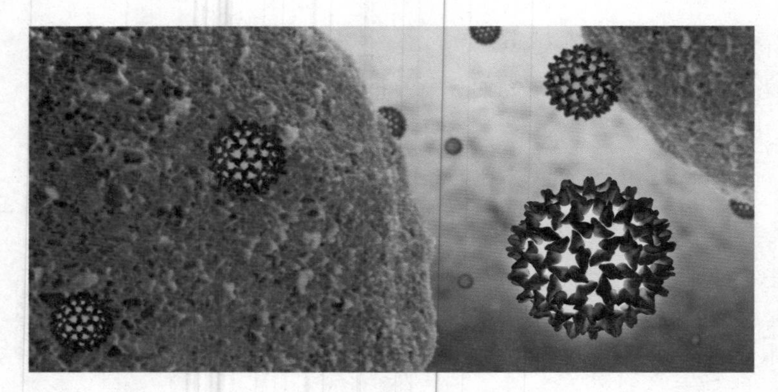

图 1-31　乙肝病毒感染细胞模拟图

告了研究成果：澳大利亚抗原参与了病毒性肝炎的发病。1970 年，英国学者丹娜等研究者在电子显微镜下观察到血液样本中的 HBV 颗粒，所以，HBV 颗粒也被称为“丹娜颗粒”。至此，HBV 终于慢慢地露出了真面目。

布隆伯格是一位名副其实的“乙肝专家”，他不但与“澳抗”和 HBV 的发现有关，而且还与乙肝疫苗的发明有关。这位伟大科学家因他在乙型肝炎研究中的突出贡献，于 1976 年获得了诺贝尔生理学或医学奖。

乙肝病毒引发的炎症

HBV 主要经血和血制品、母婴、破损的皮肤和黏膜及性接触传播，在传播途径上与 HIV 基本类似。所以我们可以得知，一般的日常工作或生活接触不会传染 HBV。

感染 HBV 后，大部分人不会出现任何症状，有些人会出现急性症状持续数周，包括皮肤和眼睛发黄（黄疸）、极度疲劳、呕吐和腹痛等，还有少数急性肝炎患者会出现急性肝功能衰竭并导致死亡。更为可怕的是，HBV 可能造成患者慢性肝脏感染，以后可能发展成肝硬化或肝癌。

治疗乙肝的手段又有哪些呢？首要的就是抗 HBV 治疗，可以改善肝脏炎症，减轻甚至逆转肝脏纤维化，减少肝硬化、肝癌、肝衰竭等并发症发生。目前我国上市的抗乙肝病毒药物有两种，包括 α 干扰素和核苷（酸）类似物。

干扰素是一种广谱抗病毒剂，它并不直接杀伤或抑制病毒，主要通过细胞表面受体使细胞产生抗病毒蛋白，以抑制病毒的复制；同时，还可以增强自然杀伤细胞、巨噬细胞和 T 淋巴细胞活力，发挥免疫调节作用，增强抗病毒能力。干扰素主要分为三类：α（白细胞）型、β（成纤维细胞）型、γ（淋巴细胞）型。

临床上使用的干扰素可分为短效干扰素和长效干扰素。短效干扰素，也叫普通干扰素，一周注射三次或隔日一次；长效干扰素是聚乙二醇化的干扰素，一周注射一次。

科学家在长效干扰素分子外面加了一层名为“聚乙二醇”的“盔甲”，这种聚乙二醇很稳定，不会对人体造成损害，而且会使干扰素分子变大，防止它们从肾脏中“漏出”。这种“盔甲”降低干扰素的免疫原性，保护它进入人体后免受酶分解，使其功效延长至 40—100 小时，因此，可以每周 1 次给药。

核苷（酸）类似物能够抑制病毒的复制，可以“假扮”成病毒复制时需要的核苷，钻入病毒 DNA 链中，由于“假核苷”类似物代替了真核苷，致使病毒 DNA 不能继续延长，病毒复制就被抑制了。所以，乙肝患者口服核苷（酸）类似物药物后不久，血液中 HBV 的 DNA 浓度就会下降，肝功能也可恢复正常。

核苷（酸）类似物不能消除病毒，只能达到抑制病毒复制的目的，因此需要长期治疗。直到 HBsAg 消失，用药才可以停止。

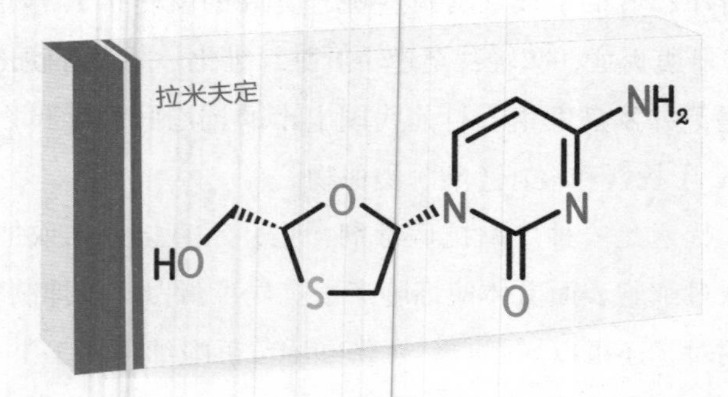

图 1-32　核苷（酸）类似物药物拉米夫定

预防乙肝是一件大事

虽然现在人们还没有找到治愈乙肝的科学的、合理的方法，但是乙肝患者也同样可以拥有正常生活。不过，世界卫生组织提出的未来目标是：在 2030 年使病毒性肝炎新发感染人数减少 90%，病毒性肝炎死亡人数减少 65%。要达到这一目标，接种乙肝疫苗是预防乙肝的主要方法。

世界卫生组织建议为所有婴儿在出生后尽早（最好是在 24 小时内）接种乙型肝炎疫苗。目前，5 岁以下儿童的慢性乙肝病毒感染率很低，归功于乙型肝炎疫苗的广泛应用。

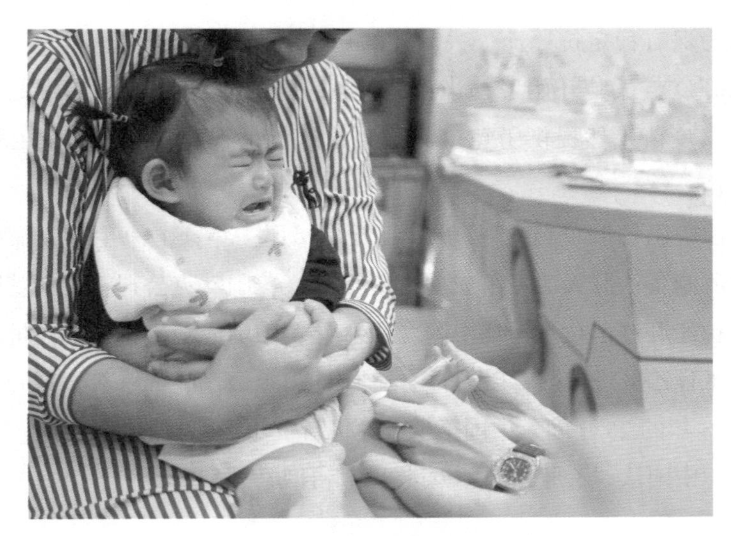

图 1–33　乙肝疫苗接种

1968 年，纽约输血中心的病毒学家阿尔弗雷德 · 卜林斯发现，一位病人接受输血前没有出现“澳抗”，输血后患上了肝炎并且血液中出现了“澳抗”，因此他断定此“澳抗”正是“血清型肝炎”（乙型肝炎）病毒的一部分。

1967 年，纽约大学医学院的索尔 · 克鲁曼对一个精神病收容医院的患者进行流行病学调查，那里的患者的肝炎发病率很高。他发现，肝炎患者中有着截然不同的临床流行病学特点，于是将研究成果撰写成一篇题为《传染性肝炎：两种临床上、流行病学上和免疫学上都截然不同的感染》的文章。这是人类第一次将甲肝和乙肝区分开来，是乙肝研究的一个里程碑。

克鲁曼后来在多种尝试后发现，将患者的血清稀释后加热，乙肝病毒会被灭活，表面抗原活性仍在。这个发现让他兴奋不已，因为保有稳定抗原而失去活性的病毒就是好的候选疫苗。于是，乙肝疫苗试验开始了，当人体注射疫苗后，再注射含病毒的血清，疫苗果然提供了免疫保护力，这就是人类首次制成的乙肝疫苗。

中国乙肝疫苗史从 1978 年开始，那一年，上海生物制品研究所制备乙肝灭活疫苗成功。1989 年，美国默克公司将最新基因工程乙肝疫苗技术转让中国。1993 年，中国成功生产出第一批基因工程乙肝疫苗。若以当时中国每年 2000 万新生儿计算，1993—2018 年的 25 年间，中国至少有 5 亿新生儿接种这种疫苗。

中国从“乙肝大国”迈进“乙肝预防大国”。

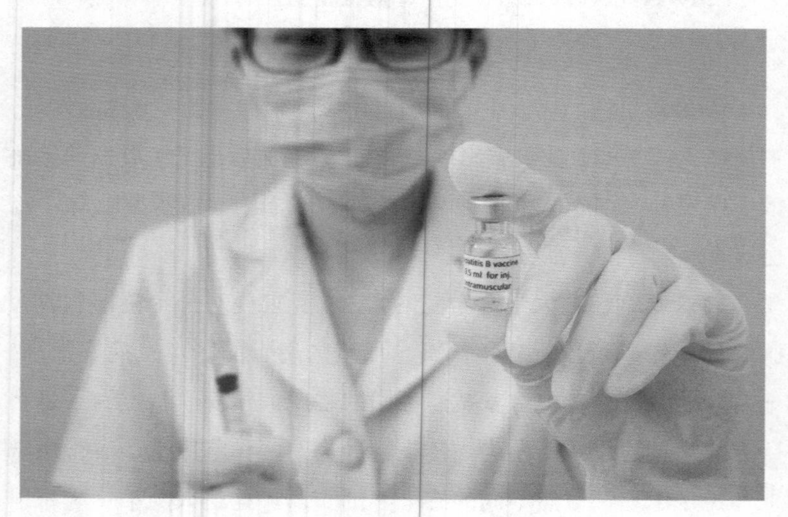

图 1-34　科学家研发出的乙肝疫苗

链接

传染病的四种基本特征

①有病原体

每一种传染病都有特异的病原体，包括微生物和寄生虫。

②有传染性

这是传染病与其他非传染性疾病的主要区别，传染性意味着病原体能通过某种途径感染他人。传染病患者有传染性的时期称为传染期，在每一种传染病中都相对固定，可作为隔离患者的依据之一。

③有流行病学特征

在自然社会因素作用下，传染病的流行过程表现出各种特征。在质的方面有外来性和地方性之分，前者指国内或地区内原来不存在，从国外或外地传入的传染病，如霍乱；后者指在某些特定的自然和社会条件下某些地区中持续发生的传染病，如血吸虫病。在量的方面有散发性流行、流行、大流行和暴发性流行之分。某传染病在某地发病率处于近年发病率一般水平称为散发性流行；当其发病率显著高于一般水平称为流行；超出国界或洲界时称为大流行；传染病病例发病时间的分布高度集中于一个短时间内称为暴发性流行。

④有感染后免疫

人体感染病原体后，无论显性或隐性感染，都能产生针对病原体及其产物的特异性免疫；保护性免疫可通过抗体检测而获知；感染后免疫属于自然免疫；通过抗体转移而获得的免疫属于被动免疫。

第2章

非传染性疾病

肥胖，生命健康的第一大杀手

生命不能承受之重

《未来简史》中说："在过去几十年间，我们已经成功遏制了饥荒、瘟疫和战争。"的确，在很多国家和地区，吃饱已经不是一个问题，但是，另一个问题却让人们难以招架——肥胖。

根据世界卫生组织估算：1975 年以来，世界肥胖人数增长近 3 倍。2016 年，18 岁及以上成年人中，近 19 亿人超重，超过 6.5 亿人肥胖。2017 年，全球肥胖儿童和青少年人数在过去 40 年中增加了 10 倍。

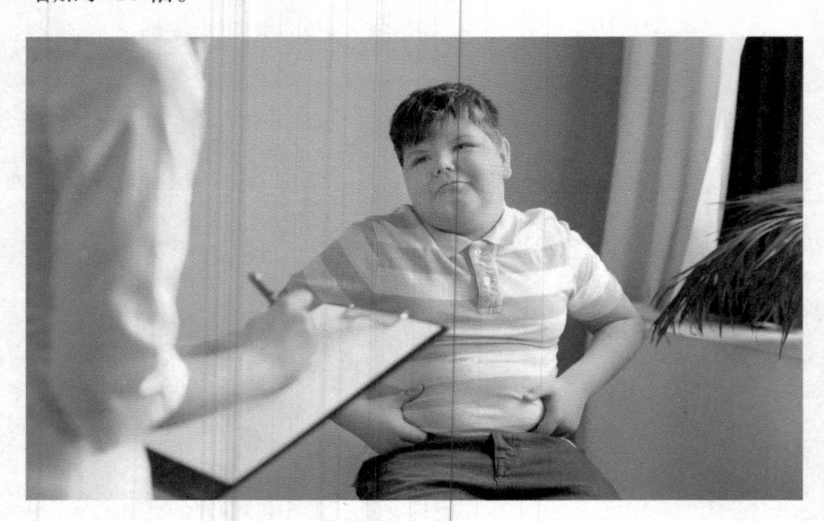

图 2-1　肥胖人群越来越年轻化

在世界多数人口所居住的国家，死于超重和肥胖的人数大于死于体重不足的人数。

超重和肥胖是指脂肪异常或过量累积，通常会损害健康。那么，肥胖的标准是什么？多胖才可以被归为肥胖类型？

用来衡量肥胖程度的粗略定义是身体质量指数（Body Mass Index，BMI），计算方法是：体重 ÷ 身高^2，（体重单位：千克），（身高单位：米）。

目前常用的衡量标准是：BMI 等于或大于 30 为肥胖，BMI 等于或大于 25 为超重。比如，飞人博尔特身高 1.98 米，体重 93.9 千克，BMI 值为 23.9；美国网球名将大威廉姆斯身高 1.8 米，体重 68 千克，BMI 值为 21。如果一个人身高 1.8 米，体重有 300 千克，BMI 值为 92.6，妥妥地超过了肥胖的标准！

超重和肥胖不仅使人行动不便、体型臃肿、形象受损，而且还是一种有关新陈代谢和激素的多重疾病状态，这种状态会带来哪些健康风险呢？

肥胖会导致身体正常机体功能受损，包括控制食欲机能失调、能量调节出现异常、内分泌失调、血压升高、脂肪肝等健康问题。

肥胖也与多种并发症直接相关，其中有 2 型糖尿病、心血管疾病、部分癌症、骨质疏松症和多囊卵巢综合征等。

举个例子，冠心病风险会随着 BMI 增加而上升，BMI 值每增加 5 个单位，冠心病发病率会增加 23%，相当于衰老 2.5 年所产生的患病风险。当 BMI 值大于 30 时，体重超过膝盖的负荷，增加罹患膝关节退化性关节炎风险。癌症也会缠上肥胖者，高 BMI 值对引发乳腺癌、子宫内膜癌的风险更大，所引发的病例数是糖尿

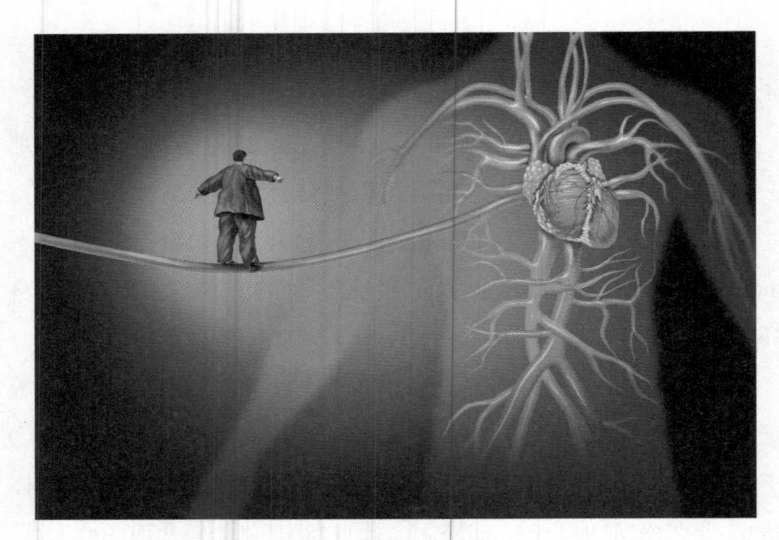

图 2-2　肥胖对心脏等器官危害很大

病的 3 倍。在东亚、东南亚地区，糖尿病和高 BMI 值更容易引发肝癌。

肥胖的真相

人为什么会胖？为什么有人“喝凉水都长胖”？其实，肥胖原因很复杂，不只是“吃得多动得少”这么简单。肥胖与遗传、体内微生物组、神经科学等都有密切的关系，也就是说，肥胖是一种复杂的疾病，是遗传和环境的交互作用。

引起肥胖的原因主要有如下几点：吃得多，消耗少，能量摄入过多。人体摄入能量超过消耗能量，过剩热量储存在脂肪组织之中，于是体重增加，进而导致肥胖。饮食结构不合理和缺乏锻炼是导致肥胖的主要因素，此外，还有其他因素也会导致肥胖。

缺乏营养知识 很多人缺乏科学的营养知识，只讲究菜肴的色、香、味，却不顾及菜肴的营养成分、摄入量是否超标。

没有均衡膳食 有些上班族由于时间紧，习惯早餐、午餐吃得简单甚至不吃，吃得最丰盛的就是晚餐。人体每天摄入的食物应多种多样，包括谷物、蔬菜水果、动物性食品、奶制品、豆制品、坚果，等等，只靠晚餐很难做到摄入均衡。过多摄入动物性食品、油脂，也会导致肥胖。

零食不断 零食一般都是高热量食物，吃起来很香、嚼起来很酥软的食物往往都是热量过高的，因为“香”的原料成分就是动物脂肪。一些人每天零食不断，造成体内聚集的总热量大大超标。

图 2-3　不合理的饮食习惯是导致肥胖的重要原因

缺乏运动 世界卫生组织将“缺乏身体活动”列为全球第四大死亡风险因素。运动不足的结果就是能量摄入大于能量消耗，正是导致超重和肥胖的主要原因之一。因此，要控制体重，还是要从吃和动的平衡上做文章。

遗传因素 有些人的肥胖是遗传的，并与家庭饮食结构和生活习惯有关。研究表明，如果父母双方都肥胖，子女有60%—80%的肥胖可能性；父母双方中只有一人肥胖，子女有40%的肥胖可能性；如果父母双方均不肥胖，子女只有10%的肥胖可能性。另外，父母肥胖体形具有遗传性，尤其肥胖部位也具有遗传性。

情绪因素 现在，“压力型肥胖”的说法越来越多，不过这一说法并不是凭空臆造的。有研究结果表明，除了压力导致身体机能的变化会导致“压力肥”，更大一部分原因是一些人借助暴饮暴食来减压。科学家曾在《美国国家科学院院报》上发表《偶尔吃高脂高糖食品能舒缓压力，也能造成肥胖》一文，专门说明了这个问题。在实验中，处于压力下的小白鼠吃下高脂与高糖的食物，结果，小白鼠身体中的压力激素很快消失了。这表明，高糖高油脂食物确实能够缓解压力，也解释了为什么人们在压力下能通过食物让自己放松。同时，这项研究发现，压力使人体新陈代谢发生紊乱，持续刺激增加肥胖可能的激素分泌，使人们更愿意去选择食物而不是其他方式来排解压力，这些额外的食物热量容易堆积在腰腹部等隐藏部位，极易引发腹型肥胖。

瘦下去！

我们已经知道，引起肥胖的主要原因是能量摄入与消耗的失衡，造成脂肪在体内的过度蓄积。所以，消除肥胖的方式也应对症下药。

控制饮食　首先，制订合理的饮食计划。在一天当中，人体胰岛素分泌是不均衡的，早上分泌较少，晚上分泌较多。正因为如此，人在晚间吸收糖分较多，且睡眠时基本没有运动，日积月累，便产生了肥胖。所以，肥胖者一日三餐的营养素不要平均分配，尤其是热量分配更应讲究技巧，早上摄入的热量多一些，晚上尽量少一些，比如，热量较少的青菜瓜果类食物适合在晚上吃。其次，合适食物的合理烹调。喜欢肉食的人注意了，尽量避免选

图 2-4　多食蔬菜水果，少吃甜食以保持身体健康

择猪肉等脂肪含量高的肉类。比如，鸡肉蛋白质含量高于猪、牛、羊肉，脂肪含量低，同样，鱼肉也是蛋白质含量高，脂肪少。在烹调方面，尽量少用油。多采用炖、蒸、煮等烹调方式，少吃红烧、油炸食物，减少脂肪的摄入。最后，养成良好的饮食习惯。一日三餐规律，不吃或者少吃高脂肪、高糖分零食，跟夜宵说“拜拜”，避免体内营养过剩。吃饭尽量细嚼慢咽，狼吞虎咽的进食方式更易导致进食过量，因此，要控制进食速度、减少进食量。

增加锻炼 锻炼身体可消耗热量，避免过多热量转变为脂肪堆积，锻炼也可增加肌肉，使身体强壮。长期低强度体力活动，如散步、步行上学、做家务；中等强度体育活动，如爬楼梯、游泳、球类运动都是有效的方法。

图 2-5 增加锻炼可以消除肥胖

行为调整 在控制体重时，饮食行为和生活行为调整极为重要，必须持之以恒。具体的方法包括：不吃高脂肪食物或零食，进食定时定量，餐具换成浅碗和小盘，选用一定体积的食物（例如胡萝卜、芹菜等）使人有饱腹感，进食速度要慢，吃完立即撤下饭菜，养成活动习惯等。

药物治疗 首先要强调的是，药物治疗肥胖是饮食、运动及行为干预的辅助方式，须在医生指导下进行。可以用于治疗肥胖的药物有苯丙胺类药物（兴奋下丘脑饱觉中枢功能，以抑制食欲为主，不宜长期使用）、双胍类降糖药物（有抑制食欲作用，对无糖尿病者不能起降血糖作用）、提高代谢率药物（可促进蛋白质分解，需辅以高蛋白饮食，心血管疾病及甲亢患者禁用）。

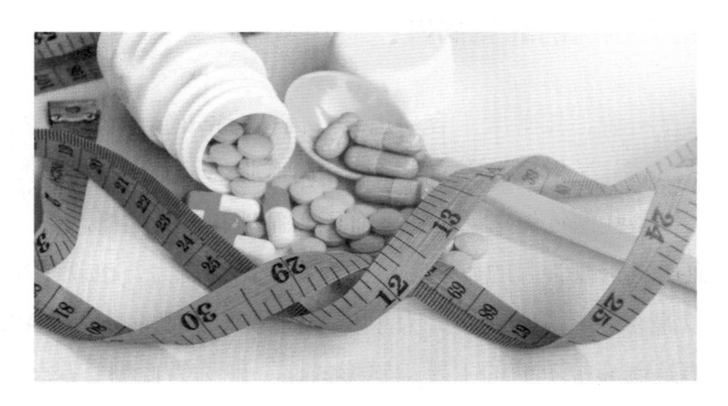

图 2-6　药物治疗肥胖

手术治疗　如果饮食控制、运动疗法和药物治疗都难以奏效，可考虑采用空肠回肠短路手术治疗，但手术后可能引起多种并发症，所以不能作为常规治疗。局部皮下脂肪切除术或脂肪抽吸术也可作为治疗方案，可如果不控制饮食，手术部位脂肪仍可再次发生沉积。科学家还有什么新招数？大脑细胞“激活”，让人产生饱腹感而消除食欲。发表在《细胞代谢》杂志上的一项研究指出，研究人员发现了需要激活哪些细胞才能模拟出饱餐后的效果，可以让人产生饱腹感而吃不下太多东西，帮助人们减肥或避免变胖，这一新发现可能更加有的放矢地瞄准大脑中支配食欲的区域。如果打开大脑中的某个开关，就能阻止人们过度进食和变胖，那真是“一劳永逸”的减肥妙招啦！

“三高”，现代社会的“富贵病”

心脑血管疾病的罪魁祸首

常常听说，年龄大了容易患“三高”，你知道什么是“三高”吗？“三高”是指高血压、高血糖和高血脂。

那么，我们首先来了解一下血压、血糖和血脂的概念。

血压是指血管内的血液在单位面积上的侧压力，也就是压强，通常以毫米汞柱（mmHg）为单位。糖是人体的主要供能物质，葡萄糖是血液中单糖的主要运输形式，一般称为血糖。身体吸收的单糖经门静脉进入肝脏，部分葡萄糖经肝静脉进入循环，运送到各组织。血脂是指血清里的各种脂质，包括胆固醇、甘油三酯、磷脂和游离脂肪酸等。脂质不溶于水，在体内与载脂蛋白结合，形成可溶性脂蛋白颗粒，循环运送到人体各部分完成生理功能。

达到什么标准就算“三高”了呢？

高血压　正常成年人血压值为120/80毫米汞柱，即心脏收缩（收缩压）时120毫米汞柱和心脏舒张（舒张压）时80毫米汞柱；血压持续等于或高于140/90毫米汞柱为高血压。高血压全称动脉高血压，是一种动脉血压升高的慢性病，血压升高使心脏推动血液在血管内循环时的负担增大。

高血糖　正常成年人空腹血糖正常值在6.1mmol/L以下，餐后两小时血糖的正常值在7.8mmol/L以下，如果高于这一范围，

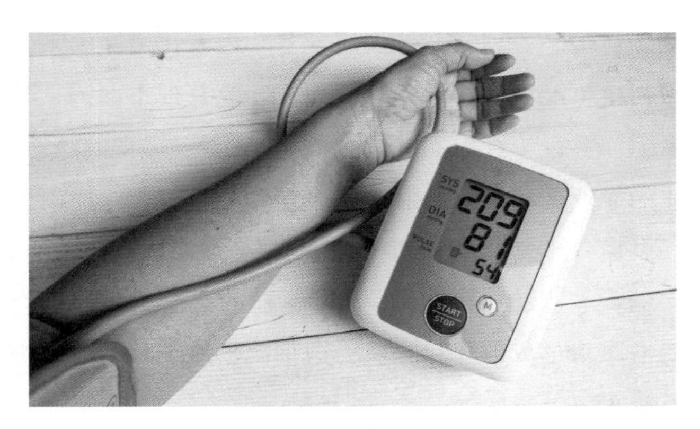

图2-7　血压计

称为高血糖。

高血脂　高血脂情况略为复杂，脂肪代谢或运转异常使血浆中的一种或多种脂质高于正常值称为高血脂。

“三高”既可单独存在又可紧密关联，能够引发多种疾病，最可怕的是心脑血管疾病，如动脉硬化、冠心病、心肌梗死、脑出血、脑缺血等。

特别值得注意的是，“三高”本来是中老年人常见病，但是，随着人们生活方式的变化，这些疾病已经不仅是老年人的苦恼，发病族群已逐渐年轻化。据资料显示，目前“三高”问题严重，仅血脂异常一项，患病者就超过50%，而其中有近20%是不到30岁的年轻人。

“三高”，为何而高

“三高”发病原因很多，有不良生活习惯、营养摄入不均衡、缺乏运动、遗传、心理、其他疾病等多个因素，可能由某个单一因素导致，也可能由多个因素综合而成。究其根本原因，是我们的血液系统“生病”了。

人体的血液循环系统由血液、血管和心脏组成。血液里有四种成分：血浆、红细胞、白细胞、血小板。血浆约占血液的55%，包括水、糖类、脂肪、蛋白质、钾/钙盐的混合物，还有许多止血所需的血凝块形成的化学物质。白细胞、血细胞和血小板组成血液的另外45%。

血液系统如何形成“三高”？

高血压 目前，通常认为高血压是在一定的遗传背景下由于多种后天环境因素作用使正常血压调节机制失代偿所致。在血液循环中，含氧量较低的血液被泵入肺，在那里补充“元气”氧，然后富含氧气的血液经由心脏泵出，供给肌细胞和其他细胞使用。心脏每一次收缩，会将血液压送进血管，才能输送到全身。心脏压送血液推挤血管壁（动脉）所产生的压力就形成了血压。血压越高，心脏压送血所用的力就越大，动脉壁承受

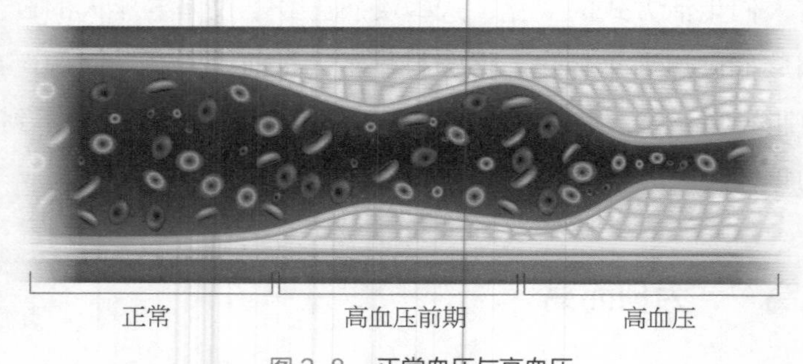

图2-8 正常血压与高血压

的压力就越大，心脏、大脑、肾脏等器官的血管受到损害的风险就越大。

高血糖 人体细胞活动所需能量大部分来自葡萄糖，所以，血液葡萄糖含量必须保持一定的水平，而血糖浓度能维持相对稳定，归功于血糖平衡系统。这个系统里有两名成员——胰岛素和胰高血糖素。胰岛素和胰高血糖素都由胰腺中的胰岛细胞释放，这些细胞聚集在整个胰腺中。胰岛 α 细胞（A 细胞）释放胰高血糖素，胰岛 β 细胞（B 细胞）释放胰岛素。当身体不能转化足够的葡萄糖以供使用时，血糖水平就会升高，胰腺释放胰岛素，帮助身体细胞吸收葡萄糖，以降低血糖。当人体血糖水平太低时，胰腺释放胰高血糖素，迫使肝脏释放储存的葡萄糖，使血糖升高。

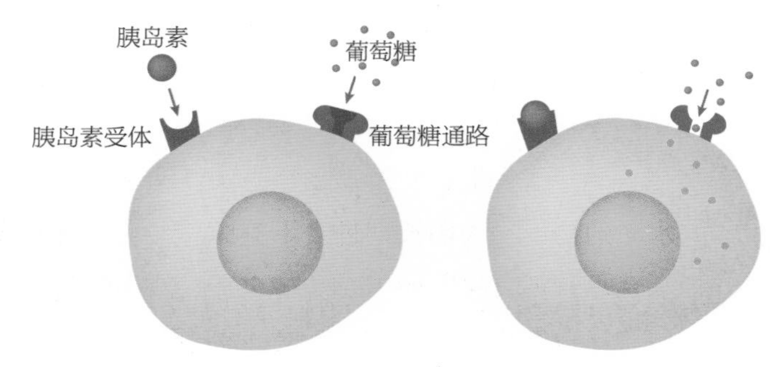

图 2-9 胰岛素解锁细胞的葡萄糖通道载体

正常情况下，人体通过激素调节和神经调节系统确保血糖来源与去路保持平衡，使血糖浓度维持在一定水平。然而，在遗传因素（如糖尿病家族史）与环境因素（如不合理的膳食、肥胖等）的共同作用下，两大调节功能发生紊乱的话，就会出现高血糖。

高血脂 饮食是高血脂很重要的影响因素。胆固醇本身不全是“负能量”，它们是制造身体细胞膜的重要材料，也是合成激素及胆酸的先驱物质。胆固醇与特殊蛋白结合成脂蛋白，溶于血浆中，随血液循环到身体组织。比如，低密度脂蛋白能将胆固醇运载进入外周组织细胞，但若含量过高，胆固醇沉积在血管动脉壁上，时间久了就容易引起动脉硬化。大量摄入高胆固醇食物，缺乏合理有效运动，是含量升高的最主要原因。

甘油三酯又称中性脂肪，食物中含有这类物质，身体细胞也能自行合成。当食物中的碳水化合物及油脂经小肠消化吸收后，甘油三酯由乳糜微粒携带进入淋巴系统注入血液，循环至肝脏被脂解利用，肝细胞也可将乳糜微粒分解成极低密度脂蛋白。喝酒、肥胖、糖尿病及缺少运动，也会导致甘油三酯浓度上升。

防“三高”，重在“三减”

高油、高盐和高糖的不健康饮食是导致“三高”的罪魁祸首。随着社会生活水平的提高，人们长期进食不健康食物，易导致高血糖和高血脂；喜欢“重口味”的人越来越多，不知不觉就会摄入过量钠盐，这也是高血压的主要诱因之一。

“减油、减糖、减盐”的“三减”正是预防“三高”的秘诀。

减油 很多人“无肉不欢”，还偏爱食用动物脏器类肉制品。但健康营养的建议是，每天摄入 50—300mg 的胆固醇为宜，不要多吃高胆固醇食物（每 100g 食物中含有 200—300mg 的胆固醇）：如猪肾、猪肝、猪肚、猪肥肉、蚌肉、蛋黄、蟹黄等。

图 2-10　合理膳食可预防“三高”

减糖　高糖饮食会催生肥胖和龋齿，肥胖与代谢等疾病紧密相关（如 2 型糖尿病等），并在一定程度上造成心脑血管疾病，2017 年在《细胞报告》杂志上发表的一项研究称，高糖饮食或使人的寿命变短。

减盐　口味比较重，盐的摄入量大大超标。中老年人味觉逐渐不敏感，会导致摄入盐量明显增多，从而易患高血压，高盐饮食还会使糖尿病患者增加心血管疾病风险。

在生活中警惕“三高”

科学合理的膳食建议是，每天摄入食用油控制在 25—30 克，盐不超过 6 克，糖不超过 50 克（25 克以下更好），定量盐勺和油壶能帮助限制烹调中的盐和油用量。

以植物油代替动物油，比如葵花籽油、豆油、茶籽油代替猪油、奶油、黄油等。此外，适当食用低脂奶制品，多吃粗粮、蔬菜、水果，多吃鱼类；控制红肉食用，尽量不吃深加工红肉等。成年人的饮食口味在儿时养成，所以应从小培养孩子适应食物原味，形成清淡饮食习惯。

每天保持一定时间的有氧运动，戒烟戒酒，规律生活，尽量远离焦虑、紧张等情绪，也是防止“三高”的有效辅助方法。

生活方式的控制需要我们持之以恒地努力，科学家也在为破解“三高”难题而努力。

英国伦敦国王学院的研究人员发现，调节血压的一氧化氮是在神经组织中形成的，而不是在血管壁中，这项研究提供了一

图 2-11　葵花籽油

种新的药物靶标，可能促使更有效治疗高血压方法的面世。

中国科学家发现，小檗碱可以降低血液中胆固醇和甘油三酯的含量。小檗碱又称黄连素，对多种革兰阳性菌有抑制作用，现在又为寻找新型降血脂药物提供了新的可能，或成为他汀类药物的替代药物，有望应用于心脑血管疾病的联合治疗。

脱缰的野马，白血病

生命之河的梦魇

从日本电视剧《血疑》到韩国偶像剧《蓝色生死恋》，再到中国电影作品《我不是药神》，白血病是影视作品中的“常客”，在现实生活中，白血病也不罕见。

2016 年，美国白血病和淋巴瘤学会统计，美国的白血病患者高达 34.5 万人。中国每年每 10 万人中有 3—4 人患白血病，40% 是年龄 2—9 岁的儿童，儿童白血病在恶性肿瘤类疾病中的发病率和病死率居首位。

血液包含三种类型的细胞：携带氧气的红细胞，构成身体免疫系统的白细胞，对凝血有重要作用的血小板。

白血病是一类以血液和骨髓中白细胞数量增长为特征的疾病。

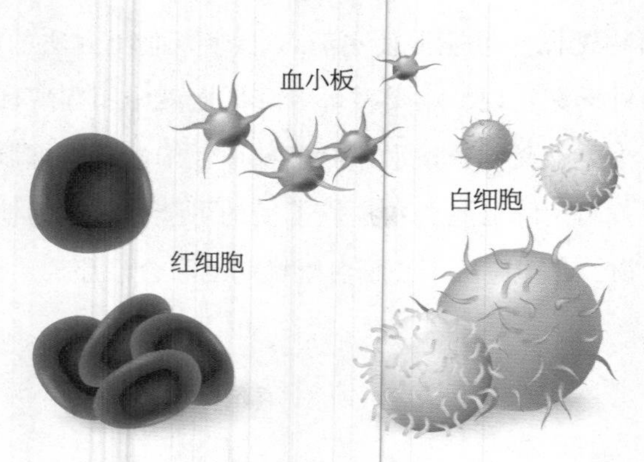

图 2-12 血细胞

举个例子，约一茶匙的血液是 5 毫升，每毫升血液中白细胞的正常数量在 4×10^6 到 1.1×10^7 之间，白血病患者每毫升血液中白细胞数量可达到 10^9。

根据细胞种类划分，大多数白血病可分为粒细胞性和淋巴细胞性，并且有慢性或急性之分。常见的白血病类型有四种：慢性粒细胞性白血病、急性粒细胞性白血病、慢性淋巴细胞性白血病和急性淋巴细胞性白血病。

粒细胞性白血病影响骨髓中的骨髓细胞，而骨髓细胞是血细胞的主要来源；淋巴细胞性白血病影响骨髓中的淋巴细胞，而淋巴细胞是抗感染白细胞的主要来源。

从症状上来看，急性白血病大多具有侵略性，慢性白血病进展较为缓慢。急性白血病的症状常表现为突然高烧、有出血倾向、脸色苍白、疲乏、皮肤紫癜、拔牙后出血难止，还会出现关节疼痛、牙龈增生肿胀等症状。慢性白血病患者起初没有明显症状，

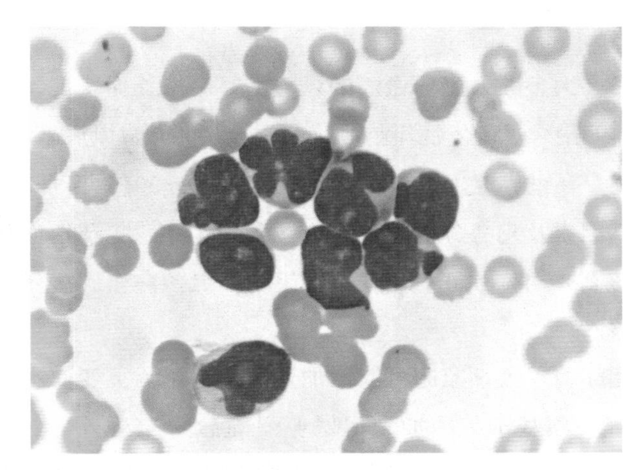

图 2-13 显微镜检查急性髓细胞性白血病（AML）患者血液的图像

只有乏力、疲倦的感觉，后期会出现食欲减退、消瘦、低烧盗汗及贫血、血小板减少等症状。

从临床表现看，白血病特征是正常血细胞形成受到抑制，白血病细胞浸润器官。骨髓内异常细胞快速增殖，抑制了正常血细胞的产生；白血病细胞还会产生抑制因子，导致贫血、血小板和中性粒细胞减少。白血病细胞浸润器官导致肝、脾和淋巴结肿大等，脑膜浸润还会导致与颅内压增高（如颅神经麻痹）相关的症状。

混乱的秩序

白血病是一种造血系统恶性肿瘤，至今为止仍没有找到白血病的确切病因。一般来说，白血病发病可能有以下影响因素：年龄、性别、吸烟环境、唐氏综合征、病毒、毒物接触、化疗、电离辐射等。

年龄 大多数人患白血病的风险随年龄增长而增加，急性淋巴性白血病最常见的发病年龄段是3—7岁和40岁以后。

性别 在世界卫生组织对欧洲地区1990—2016年间5—14岁儿童死亡因素及趋势分析中，5—9岁年龄组中，男孩白血病病死率比女孩高45.4%；10—14岁年龄组中，男孩白血病病死率比女孩高60%。

吸烟环境 吸烟家庭可能增加儿童发生基因突变而患白血病的风险，一项基于美国加利福尼亚州确诊的559例儿童急性淋巴细胞白血病病例的研究显示，儿童急性淋巴细胞白血病病例中有8个含有最常见基因缺失，约三分之二病例中含有至少1个缺失基因。在母亲孕期吸烟和产后吸烟的新生儿中，基因缺失的情况更加显著。

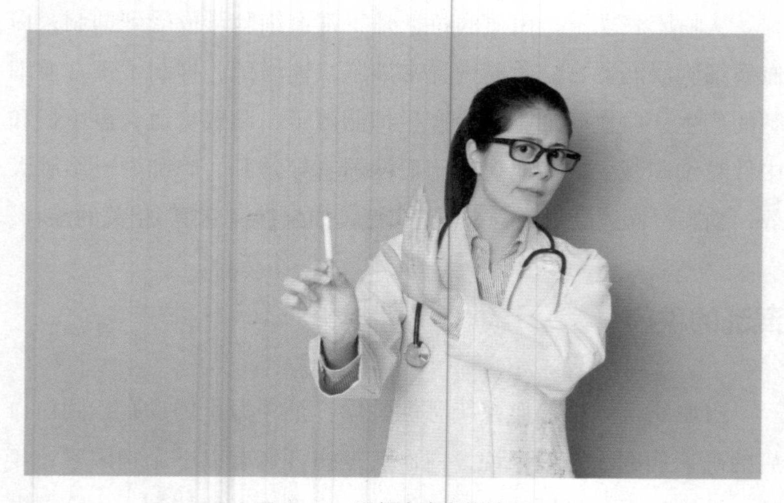

图2-14 吸烟有害身体健康

孕期每天抽5支烟的母亲，其孩子发生基因缺失的风险提高22%；产后哺乳期每天抽5支烟的母亲，其孩子发生基因缺失的风险提高74%；受孕前，每天抽5支烟的母亲或父亲，其孩子发生基因缺失风险提高7%—8%。

唐氏综合征 唐氏综合征儿童患早期白血病风险是正常儿童的20倍，约10%的唐氏综合征儿童出生即伴随着白血病症状，大部分人在短期内可自行痊愈，1%—2%的唐氏综合征儿童会发展为恶性急性白血病，需要进一步治疗。

病毒 人类T细胞白血病病毒1型（Human T-lymphotropic Virus, type I，HTLV-1）与一种成人T细胞白血病（Adult T-cell Leukemia，ATL）相关，目前HTLV-1诱导白血病的确切原因还未阐明。HTLV-1在世界某些地区传播较广，比如加勒比海地区、日本以及南美洲和非洲部分地区，其他地方很少见。大部分人感染HTLV-1但并不患白血病，数据显示，日本HTLV-1感染者患ATL的终身概率是：女性为2.1%，男性为6.6%。

毒物接触 目前已经证明，苯及其衍生物会导致白血病，这类化学物质多存在于橡胶和染料中。房屋装修中最常见的甲醛是否会导致白血病，目前还未有确切的临床证据，不过有害化学物质对身体健康有影响是确定的。

化疗 经化疗后，有些癌症患者会出现继发性急性粒细胞性白血病或治疗相关性白血病，与原发性急性粒细胞性白血病相比，继发性急性粒细胞性白血病的预后通常更不乐观。

电离辐射 人体受到中等剂量或大剂量的辐射后，可能诱发白血病，比如日本原子弹爆炸幸存者的白血病发病率上升。虽然，患病风险与低水平辐射之间的联系尚不明确，但是研究者已经发现，辐射治疗强直性脊柱炎和孕期做 X 射线诊断后，胎儿白血病发病率会上升。

远离恶魔

白血病发病率呈现“一老一小”的“两头高”现象：5 岁以下和 15—20 岁是两个发病小高峰；40 岁以后，发病率随年龄增长又会逐渐升高，60 岁以后属于发病高峰。

虽然白血病的许多病因尚不明确，但是已经有了一些有效的治疗办法。

伊马替尼是治疗一类慢性粒细胞白血病的特效药。在这类白血病患者的骨髓细胞中，人体第 9 号和第 22 号染色体尾部出现了错误易位，形成了一种带有酪氨酸激酶活性的融合蛋白。这种异常的融合蛋白拥有比一般酪氨酸激酶活跃得多的催化活性，诱发了异常细胞的大规模增殖。

伊马替尼正是一种酪氨酸激酶抑制剂，具有很高的特异性和亲和力，能够与异常激酶蛋白结合而不影响人体正常酪氨酸激酶。基于这种“靶向”功能，它能够在不损伤患者正常生理功能的情况下，杀伤异常增殖的肿瘤细胞。

2001 年，伊马替尼获准上市，成为全球白血病治疗的重要转折点。从此以后，伊马替尼和其他类似药物可使慢性粒细胞白血病患者预期寿命从 5—6 年延长至 10—20 年。这也是电影《我不是药神》中神药“格列宁”的原型。

嵌合抗原受体T疗法（CAR-T）是一种细胞免疫治疗方法。它是将患者自身T淋巴细胞采集分离后，在体外通过基因工程技术进行改造，好比装上了GPS定位系统，再将经改造的T淋巴细胞输回体内，特异性精准地识别和杀伤肿瘤细胞。

2012年，6岁的艾米丽·怀特海德生命垂危之际，成为全球第一位接受试验性CAR-T疗法的急性淋巴细胞性白血病患者。经改造过的T细胞输回体内后，艾米丽一度出现发烧、重度昏迷，并在重症监护室度过艰难的两周后，身体开始出现好转；随后检测结果显示，她体内的癌细胞完全消失了。

2017年，人类历史上首款CAR-T免疫疗法在美国获批，突破性的CAR-T疗法被批准用于治疗难治性或出现二次及以上复发的25岁以下的急性淋巴细胞性白血病者患者。

目前，大多数成人和儿童白血病没有任何已知的绝对危险因素，却也很难进行预防疾病的发生；在医学治疗手段日新月异的今天，我们相信人类可以战胜白血病病魔，同时也要在生活中注意避免一些高危因素。

远离高剂量电离辐射　生活中遇到的电离辐射主要是医院的X射线和CT，虽然剂量很低，对正常成人基本没有影响，还是应尽量避免或减少孕妇、儿童接受此类检查，保持放射科区域空间距离。

减少与苯类接触　在装修工地、加工厂等区域注意自我保护，新房装修后通风半年后再入住，孕妇、儿童尽量避免接触杀虫剂、染发剂等。

不抽烟　香烟烟雾中含有苯和其他有害化学物质，二手烟也会使白血病患病的风险上升。

提高整体免疫力　摄入营养均衡、每天运动、保证充足睡眠。

图 2-15　保持充足睡眠，提高抵抗力

肿瘤不一定都是癌症

肿瘤还是癌症？

当今，肿瘤已成为一种常见病、多发病，严重危害人类健康。当人们谈起肿瘤，特别是癌症时，总是感到心惊胆战。什么是肿瘤？什么是癌症？肿瘤就是癌症吗？

生活中，我们常将肿瘤和癌症这两个词混用，其实并不准确。肿瘤，是机体在各种因素作用下，局部组织细胞发生异常增生形成的，常常表现为局部肿块。在任何年龄段，身体任何部位、器官、组织都可能发生肿瘤。根据肿瘤性质，一般分为良性肿瘤和恶性肿瘤，癌症主要是指恶性肿瘤和血癌（一般指白血病）。

良性肿瘤生长速度比较缓慢，通常在其生长地局部向外膨胀性生长，不会侵蚀和破坏邻近组织器官，也不会向远处扩散转移。良性肿瘤周围有包膜，容易进行手术切除。尽管这类肿瘤本身是良性的，但如果长得很大，可能也会压迫邻近组织器官；另外，少数良性肿瘤在一定条件下，可能会转变为恶性肿瘤，所以也不能掉以轻心。

恶性肿瘤，也就是通常人们所说的“癌症”，生长速度比较快，通常对周围组织器官有侵袭性，没有明显界线，质地较硬，也没有包膜，癌细胞可沿血管、淋巴管转移到其他部位。手术切除难度大，术后容易复发。如果没有得到及时、有效的控制，可能会

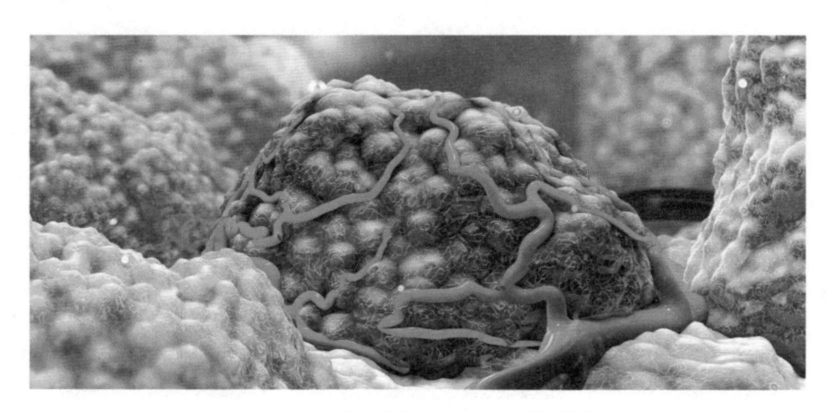

图 2-16　肿瘤细胞与血管 3D 模拟图

导致患者死亡，所以人们才会“谈癌色变”。

临床上，要想精确判断肿瘤良恶性以及肿瘤分型，通常进行病理诊断，这也称为肿瘤良恶诊断的“金标准”。病理科的医生在术前穿刺检查，或者通过手术中切除的肿块样本，综合免疫组化的各项指标，判断肿瘤是否为恶性、发展程度如何，为后续的治疗方案提供准确依据。

肿瘤治疗

目前常用的肿瘤治疗手段有四大类：手术、放疗、化疗和免疫治疗。前三种疗法是在临床中使用最多的，多数肿瘤一经发现，医生一般会采用手术切除原发病灶，然后用放疗或化疗进一步巩固。第四种疗法或将成为攻克癌症的希望所在。

放疗即放射治疗，是利用放射线杀死癌细胞的一种局部治疗

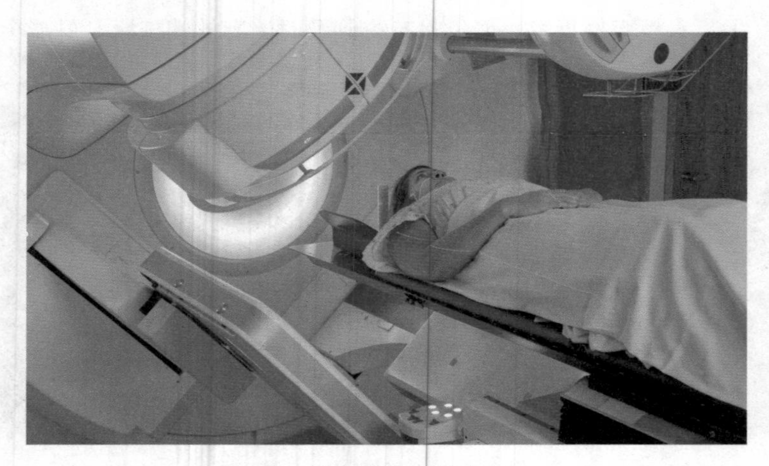

图 2-17 接受放疗的癌症病人

方法。一百多年前，在伦琴发现X线、居里夫人发现镭元素之后，放射线很快就用于临床治疗恶性肿瘤。直到今时，约70%的癌症病人需要使用放疗，40%的癌症可以用放疗根治。

放射线是一束粒子或者携带能量的波，比如，放射性同位素产生的α、β、γ射线，X射线治疗机或加速器产生的X射线、电子束、质子束和其他粒子束，可以破坏癌细胞，使癌细胞无法再生长。

在放疗中，细胞周期阶段非常关键。放射线会首先“杀”死那些活跃的、快速分裂的细胞；而对处在休眠期或缓慢分裂的细胞，就没那么快“杀”死了。细胞能否被“杀”死、什么时候被“杀”死，取决于放射线的类型、剂量以及细胞生长速度。

放疗可以“杀”死正在分裂的癌细胞，也会损伤正在分裂的健康细胞，这就是放疗的副作用。这种副作用不会立刻显现，可能在放疗的几天甚至几周后，细胞开始凋亡；在治疗结束后几个月，细胞才会死去。对于生长迅速的组织，比如皮肤、骨髓、肠道内膜等起效较快，而神经、乳腺、骨组织的效果会慢些。

一般认为，由于放疗对治疗区域正常细胞有损伤，已经放疗过的部位不再进行放疗，但也有研究建议可以进行二次放疗。在进行放射治疗时，需要权衡利弊，让放射线有效杀伤癌细胞，尽量减小对正常细胞的伤害。

化疗是化学药物疗法的简称，是利用对细胞产生毒性的药物来杀死肿瘤细胞。通常化疗药物分为两种：周期特异性药物和周期非特异性药物。

对处于细胞分裂周期中某一特定时期的肿瘤细胞产生杀伤作

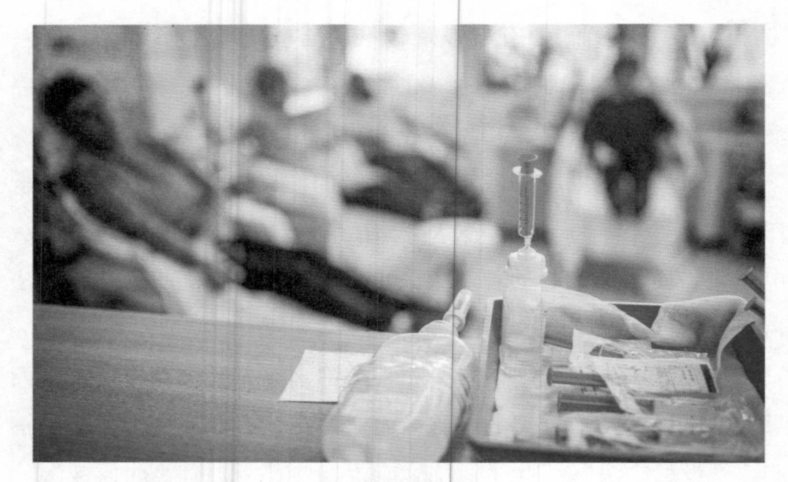

图 2-18　癌症患者在医院肿瘤中心接受化疗

用的抗癌药物称为周期特异性药物。代表性药物有：5-Fu、培美曲塞、阿糖胞苷、替吉奥、瑞滨、紫杉醇、依托泊苷、博来霉素等。

对处于细胞分裂周期中任一时期的肿瘤细胞均有杀伤作用的抗癌药物称为周期非特异性药物。代表性药物有铂类、环磷酰胺、阿霉素等。

周期非特异性药物对癌细胞作用较强，能迅速“杀”死癌细胞，杀伤能力随剂量增加而增加；周期特异性药物作用较弱，需要一定时间“杀”死癌细胞。为了取得更好疗效，经常需要两类药物共同使用的联合化疗方案。

健康机体具有免疫监视机制，肿瘤细胞却不易引起免疫应答；此外，它们还可以降低自身免疫原性或诱导机体免疫抑制，实现免疫逃逸，导致人体免疫系统难以阻止其发生。免疫治疗能够重启并维持免疫系统对肿瘤细胞的识别和杀伤，恢复机体抗肿瘤的免疫反应，从而控制与清除肿瘤。目前主要有四类方法：

细胞治疗 主要通过细胞因子刺激活化 T 细胞，激活杀伤肿瘤细胞功能，如基因工程改造 T 细胞以强化特异性识别肿瘤受体的 CAR-T 疗法。

肿瘤疫苗 以肿瘤抗原激活人体免疫系统清除肿瘤，首个肿瘤疫苗已于 2010 年在美国批准上市。

免疫系统的调节剂 例如使用细胞因子白细胞介素（IL-2）或者免疫佐剂卡介苗增强机体免疫系统。

免疫检查点的抑制剂 具有免疫抑制功能的细胞毒性 T 淋巴细胞相关蛋白 4（CTLA-4）和程序性死亡受体 1（PD-1）被称为免疫检查点，免疫检查点的抑制剂可以暂时抑制免疫系统“刹车”，从而提高免疫系统对肿瘤细胞的攻击性。这一抑制剂获得了 2018 年诺贝尔生理学或医学奖。

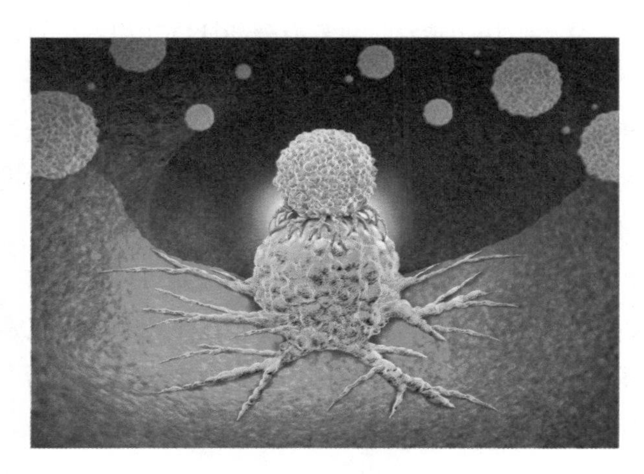

图 2-19 免疫疗法治疗肿瘤的原理示意图

科学防癌

有越来越多的证据表明，癌症或许可以预防。

目前观点认为，癌症是因为人体基因表达出现问题，而癌症的种类很多，并非每一种癌症的致病原因都能被找到，《细胞叛逆者》一书总结了一些导致癌症的原因：

人类肿瘤约80%是与外界致癌物质接触引起的，致癌物性质可分为化学、生物和物理致癌物三类，根据在致癌过程中的作用，又可分为启动剂、促进剂、完全致癌物。

启动剂是指某些化学、物理或生物因子，可以直接改变细胞遗传物质的DNA成分或结构，一般一次接触即可完成改变，引起细胞改变一般是不可逆的。促进剂本身不能诱发肿瘤，在启动剂作用后促使肿瘤发生，促进剂的种类很多，例如某些激素、药物等。完全致癌物作用很强，兼具启动和促进作用，单独作用即可致癌，如多环芳香烃、芳香胺、亚硝胺、致癌病毒等。

由此可以看出，许多“预防癌症指南”的要素就是告诉人们降低与外界致癌物质的接触，并注意与疾病预防相关的内容：如喝酒、肥胖和缺乏运动等方面。

至少我们已经知道，三分之一的癌症是可以预防的，预防也是最具成本效益的长期战略。在大多情况下，预防不仅是成本最低的解决方案，而且是最有效的。人们改变自己的行为方式，就有可能永远把癌症拒之门外！

当心生活中潜在的“职业病”

易疏忽的潜在危险

职业病离生活很远？有职业才有职业病？

2009年，河南一名工人开胸验肺的新闻引起关注，尘肺病又一次进入了公众视野。在我国，尘肺病已成为危害工人健康最严重的职业病之一，累计确诊病例总量居全国各职业病首位，尘肺病年死亡人数远高于同期生产事故人数。2015年统计数据中，尘肺病报告人数超过72万人。

另一种因网络时代带来的新生活方式，也造就了新型的“职业病”，比如都市白领们久坐不动，长期保持一些错误的姿势，“鼠标手”、“短信脖”、“iPad肩”、干眼症等纷至沓来。

让我们先来看看职业病的定义。《中华人民共和国职业病防治法》第二条规定：“职业病是指企业、事业单位和个体经济组织等用人单位的劳动者在职业活动中，因接触粉尘、放射性物质和其他有毒、有害因素而引起的疾病。”

《职业病分类和目录》将132种职业病分为10大类：职业性尘肺病及其他呼吸系统疾病、职业性皮肤病、职业性眼病、职业性耳鼻喉口腔疾病、职业性化学中毒、物理因素所致职业病、职业性放射性疾病、职业性传染病、职业性肿瘤、其他职业病。

职业病集中体现出以下几个主要特点：第一，病因就是职业性有害因素，在控制病因或作用条件后，可消除或减少发病。第二，所接触病因大多可检测，需达到一定浓度或剂量强度才会致病。第三，接触同一因素人群中常有一定的发病率，很少只出现个别病人。第四，如能早期诊断处理，大多数患者康复效果较好；某些职业病（例如尘肺病）尚无特效疗法，只能对症综合处理。第五，除了职业性传染病以外，治疗个体无益于控制人群发病。

概言之，从病因的角度来看，职业病是完全可以预防的，职业病防控须强调“预防为主”。

尘肺病

在新闻媒体和网络信息中，尘肺病是广为人知的职业病之一。

尘肺病是人在职业活动中由于长期吸入生产性粉尘并在肺内潴留而引起以肺组织弥漫性纤维化为主的全身性疾病。

在我国《职业病分类和目录》中列出的尘肺病有 13 种：矽肺、煤工尘肺、石墨尘肺、炭黑尘肺、石棉肺、滑石尘肺、水泥尘肺、云母尘肺、陶工尘肺、铝尘肺、电焊工尘肺和铸工尘肺，以及根据《尘肺病诊断标准》《尘肺病理诊断标准》可以诊断的其他尘肺病。矽肺和煤工尘肺是我国目前发病人数最多的尘肺病。

尘肺病是怎样产生的？我们的呼吸系统又是如何与粉尘进行“对抗”的？

人体鼻腔中的鼻毛以及分泌物组成了阻挡粉尘的第一道防线，一般直径大于10微米以上的颗粒，会被它们挡在体外；介于2.5—10 微米之间的颗粒可以穿过第一道防线，随后它们遇到了上呼吸

图 2-20　在工地干活的建筑工人饱受粉尘困扰

道的抵抗，部分可以随痰排出体外；小于 2.5 微米的颗粒，很容易进入到肺部的支气管。

粉尘颗粒进入肺部后，肺组织内的巨噬细胞就会出现，将粉尘颗粒吞噬；然后通过肺泡表面活性物质和肺泡弛张运动，巨噬细胞把粉尘颗粒转移到支气管黏膜上皮表面，再以痰的形式送出体外。

当进入呼吸系统的粉尘超过了上述机体自洁能力范围，无法排出体外的粉尘颗粒会沉积下来破坏肺泡细胞，使肺泡丧失弹性，诱发不可逆转的肺部纤维化，继而引发支气管炎症、哮喘等症状。

目前尚无特效治疗药及根治尘肺病的办法，主要是药物治疗同时积极预防并发症，增强营养和保健休养，进行适当体育锻炼等。已有一些治疗药物在研发中，临床试用可观察到减轻症状、延缓病情效果，确切疗效尚有待评估。尘肺病预防的关键在于最

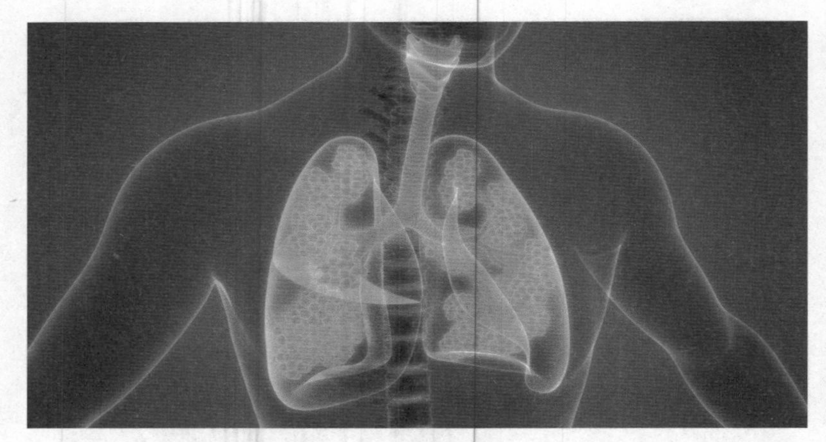

图 2-21 支气管与肺

大限度防止有害粉尘的吸入，只要措施得当，尘肺病是完全可以预防的。

“短信脖”还是“iPad肩”，你中招了吗？

职业病离我们很遥远吗？只有接触有害物质才会出现吗？那可不一定！比如颈椎病，就真是“无处不在”。

近年来，随着工作方式和环境的变化，程序员、设计师、编辑、作家、会计、司机等上班族颈椎病的发病率逐年升高且呈现年轻化趋势。

不但上班族有这种困扰，青少年也面临患颈椎病的隐患，一些症状需要引起大家的注意，比如：“短信脖”“iPad 肩”。

“短信脖”是因长时间低头使用手机或平板电脑等数码工具而引起的颈椎疾病。人的头一般有 4.5—5.5 千克重，如果长期向前或向下低头，颈椎就承受巨大的重量。这种姿势对颈椎会有多严重的影响？这就取决于颈椎的弯曲角度，以及保持这个姿势的时间长短。

正常的颈椎生理曲度是向前凸的。如果眼睛平视前方，颈椎可维持正常弧度，低头时颈椎曲度就会发生改变。如果持续长期的低头姿势，正常颈椎结构就会发生改变，时间越长，角度越大，椎间盘和颈椎椎体的受力也越大。这时，肌腱附着点、椎体间小关节等地方会出现钙化磨损，也就是大家熟悉的骨质增生。一旦产生了骨质增生，就很难通过吃药、按摩等方式复原了。

正常情况下，控制颈椎的肌肉群处于动态平衡状态，长期低头使头颅重心前移，颈后肌群则须牵拉头颅前移，如此一大组肌群受到牵拉，肌肉平衡状态会被打破。肌肉长时间处于紧张状态，下方可能会出现条索样、结节样改变，那时肌肉会变得非常僵硬，按压有明显疼痛，渐渐发生劳损。

使用手机的正确姿势是什么？

图 2-22　“短信脖”

首先要有正确的坐姿，选择高度合适的椅子，臀部和大腿置于椅上，背部平贴椅背，双脚平放地面，保持屈髋、屈膝 90 度左右，两侧肩膀放松。

建议双手持手机，要有稳定支撑面，如手肘支撑在桌上。手机不要太低，俯视约 15—20 度角，这种姿势可维持颈椎正常生理曲度。单手拿手机容易不稳晃动，头和视线也随之摆动。

还可用手机夹或手机支架辅助调整角度，尽量使颈椎维持在正常曲度；不长时间对着手机，超过半个小时就活动一下颈部和肩部。

便携科技产品使用引起的相关损伤大都由不良姿势导致，用户长时间把 iPad 放在膝头使用而使坐姿变差，从而引发肩颈疼痛等问题，“iPad 肩”就是其中之一。

通常单手拿 iPad 太重，用户会不自觉收紧肘部，借助肩膀上方肌肉力量。这样一来，肩膀就会前倾、上提，肩膀上方肌肉在紧张状态下长时间保持同一姿势，会导致肌肉黏连，引发手臂麻木、肩膀酸疼，严重情况下会发展为“iPad 肩”。

图 2-23 “iPad 肩”

“iPad 肩”怎样进行改善?

姿势依然很重要!用户使用 iPad 时应坐在有靠背的椅上,iPad 应尽可能固定在支架上,无需低头,视线即可见。如果要手拿平板电脑,应从后面揽住,用手和手臂稳定支撑,肩膀下垂而不对肌肉施加多余压力。

条件允许的话,使用可提醒身体姿势状态的可穿戴设备,这样,用户只要处于姿势不正确或有风险情况下,设备就会发出“哔哔”声提醒。

加强肌肉锻炼对缓解肩颈部肌肉僵硬也十分有效,在工作间隙和睡觉之前不妨做点运动,消除肌肉积累的疲劳。

第3章

慢性疾病

爱忘事与阿尔茨海默病

记忆的荒原

你是不是忽然感觉到，最近“阿尔茨海默病”被提得越来越多了？影视作品又有了新的风向标：从《嘿，老头！》到《都挺好》，再到《忘不了餐厅》，催发了入戏观众的同情泪水，也引发了人们对这一疾病的关注。

国际阿尔茨海默病协会于2014年发布的报告显示，截至2013年，全球约有4400万阿尔茨海默病患者，中国以990万人居世界首位。报告估计，到2030年，阿尔茨海默病患者将增至7562万；到2050年，这一数字将增至13546万，中国患者数量估计将达到3000万。

随着我国开始进入老龄化社会，阿尔茨海默病发病情况不容乐观，全球每7秒就有1人被确诊为阿尔茨海默病，每4个人中就有1个中国人。1990年，我国仅有370万患者，20多年后，患者数量几乎翻了3倍，发病年龄由65岁提前到了55岁，整整早了10年。

阿尔茨海默病是一种持续性神经功能障碍，临床主要表现为记忆力衰退、认知能力退化，逐渐完全丧失正常行为功能；更令人苦恼的是，这种疾病还能引起全脑不可逆转性功能损害。

阿尔茨海默病的发病进程缓慢，随着时间不断恶化，分为几

图 3-1　阿尔茨海默病是一种持续性神经功能障碍

个阶段：

开始阶段，无症状或者出现非常轻度的认知功能下降、比较轻微的健忘，如忘记熟人名字、熟悉地名，一般人不会觉得患者的行为和认知功能受到影响。

轻度认知功能障碍阶段，患者健忘的程度比较明显，包括忘记日常物品名称、记不住陌生人名、阅读出现障碍、做事无计划无条理等。

中度认知功能障碍阶段，这个阶段的症状可以成为医生诊断阿尔茨海默病的依据。例如，患者对最近的事没有印象，忘记个人经历，不能进行较复杂的心算，性格不积极不主动，畏惧社交场合或者脑力活动。

中偏重度认知功能障碍阶段，记忆等认知功能出现严重障碍，需要人陪护。通常，患者还记得自己和家人名字、基本生活能自理，但会忘记家庭住址、电话号码，弄不清日期、年份。

重度认知功能障碍阶段，患者记忆力更差，日常生活不能自理。他们可能完全忽略周围环境，出现睡眠障碍、吞咽困难、频繁大小便、幻听幻视、重复某个动作、盲目闲逛、迷路、性格也发生明显变化。

极重度认知功能障碍阶段，患者失去对环境的感知力，说话行动都有困难。症状表现为无意识碎片化词句、生活完全不能自理，甚至坐不稳、无法抬头或微笑、肌肉僵硬、出现不正常条件反射。

荒原之丘

欲认识阿尔茨海默病，且先了解人类大脑。

大脑是一个复杂器官，包括左右两个大脑半球，具有感觉、运动、语言等多种生命活动功能区，大脑皮层是调节人体生理活动的最高级中枢。从人体的基本功能如呼吸，到其他感知功能如饥饿或口渴，再到高级意识功能如感觉、思维、记忆和认知能力，都需要大脑的“中枢”指挥才能正常进行，因此，大脑可以被定义为控制和调节人体功能的“CEO”。

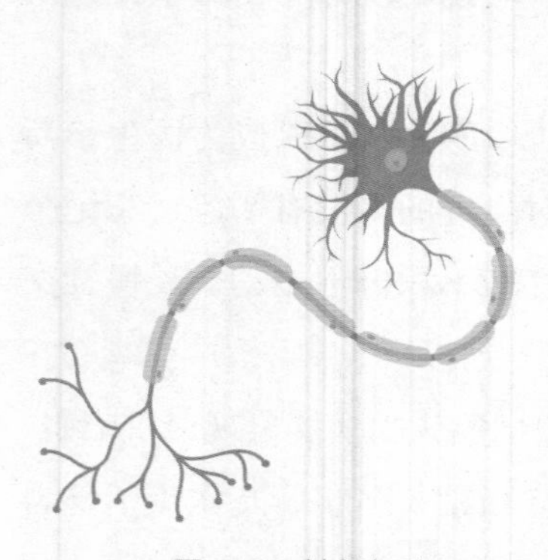

图 3-2　神经细胞

人的大脑主要由两类细胞组成：神经细胞和神经胶质细胞。

神经细胞，又称神经元，是大脑神经组织的结构和功能单位。成人的大脑新皮质约有200亿个神经元，整个大脑估计有1000亿个神经元，以及10—50倍神经元数目的神经胶质细胞。人类复杂的生理活动、语言、记忆、情感等都要由这些神经元来共同掌控。

神经元由胞体和突起构成，胞体是神经元的代谢中心，突起从胞体伸出分为树突和轴突。神经元通常有多个树突，主要用来接受传入信息，将神经冲动传向胞体；神经元只有一条轴突，主要功能是将神经冲动从胞体传到其他神经元或效应器。神经胶质细胞分布在神经元之间，不具有传导冲动功能，起着保护、提供营养、支持神经元等作用。

目前，阿尔茨海默病的真正病因仍旧不明。有研究证实，这种疾病与大脑中异常累积的两种蛋白相关：β-淀粉样蛋白（amyloid β-protein，又称Aβ 蛋白）和Tau蛋白，大脑中形成“老年斑”和神经元纤维缠结是阿尔茨海默病的重要病理特征。“老年斑”的主要组成物质是Aβ 蛋白，神经元纤维缠结主要由过度磷酸化的Tau蛋白组成。

Aβ 蛋白具有高度聚集能力，经神经元分泌后迅速聚集，形成可溶状态寡聚体，进一步聚集形成Aβ 纤维沉积在脑内。Aβ 蛋白在脑内过度产生和沉积，引起神经元突触功能障碍、Tau蛋白过度磷酸化和继发性反应，导致神经元变性死亡，最终引发神经细胞突触功能障碍，导致神经细胞变性死亡。大量的神经细胞坏死使脑组织出现萎缩，特别是破坏了掌管记忆的海马，所以，患者普遍出现健忘症状。当坏死和萎缩蔓延到大脑各处时，不仅仅是记忆受到影响，病人的认知也越来越困难。

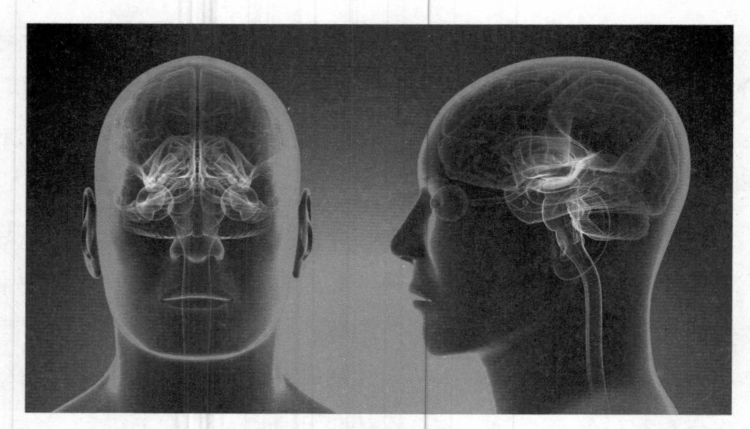

图 3-3 掌管记忆的海马

大多数药物临床试验是以 Aβ 蛋白为靶点，试图分解或阻止 Aβ 蛋白斑形成。2000 年以来，已有近 400 种阿尔茨海默病候选药物进入人体试验阶段，但是只有 5 种药物被批准上市使用，而且只能轻微缓解症状。这些药物中有 4 种是乙酰胆碱酯酶抑制剂，1 种是 NMDA 受体激动剂，这就是阿尔茨海默病自发现 100 多年来的几乎所有可能的药物储备。

预防阿尔茨海默病

在人口老龄化进程中，我国阿尔茨海默病患者已超过 1000 万人。上海是老龄化速度最快、程度最严重的城市，按照 65 岁以上老年人 5% 的患病率估算，上海的老年患者超过 15 万人。

阿尔茨海默病患者致残率高，疾病晚期丧失独立生活能力，带来沉重的社会经济和护理负担。如何有效防治阿尔茨海默病，是老龄化社会现实中的重大挑战。

阿尔茨海默病目前无法治愈，却有办法可以预防，虽然我们不知道如何避免Aβ 蛋白和Tau 蛋白在大脑中堆积，但是我们可以想办法让脑细胞更强健。

多做健脑活动 受教育程度可能影响阿尔茨海默病的患病风险。受教育年限少于10年的人群中，上了年纪后患病风险要大很多。也就是说，没有读完高中的人，在老年时期更要格外防范记忆力减退的症状。大脑越用越灵活，这对于每个年龄段的人都是不朽的真言。如果还没退休，那就尽情工作。如果退休了，也别忽然闲下来，多做一些力所能及的工作，或者经常参加社会公益活动，帮助大脑维持良好功能。据研究，学一门外语，可将阿尔茨海默病的发病时间平均推后4年。

保持社交活动 每天多与他人交流，也可以很大程度降低阿尔茨海默病风险，所以，老年人一定不要深居简出。英国研究人

图3-4 社交有助于降低阿尔茨海默病

员对 80 万名 65 岁以上老人进行了 14 项研究后，发现单身人士患阿尔茨海默病的风险要比已婚人士高 42%。研究人员认为，可能是已婚人士相比单身人士有更多社交活动，有助于促进大脑健康。

保持体重正常和心脏健康 数据显示，如果中年时期有肥胖和高血压，日后患阿尔茨海默病的风险可能增加 12%；另一份针对 4 万人的调查结果表明，2 型糖尿病患者患阿尔茨海默病的风险是正常人的两倍。美国范德堡大学研究发现，心脏健康影响大脑老化程度，心脏泵出血液较少的老人，大脑颞叶血流充盈情况较差，大脑最多早衰 20 年，颞叶正是阿尔茨海默病病理特征最早出现的部位。

增加运动量 无论是成年人还是老年人，运动始终是身体健康的“不二法宝”，并且对于老年人易患的认知能力退化疾病，运

图 3-5 户外运动的老人

动也能起到缓解的作用。一份针对3.3万人的调查结果显示，在日常生活中，定期进行运动的人能降低38%的认知能力退化风险，在力所能及的情况下，每次45分钟的中强度运动对保持大脑健康有着重要作用。

不要抽烟 美国科研人员发现，中年时吸烟过多，会为日后患阿尔茨海默病埋下隐患。与不吸烟的同龄人相比，每天吸两包烟的成年人患病风险要高出157%。研究人员认为，吸烟和酗酒都对大脑有极大损伤。吸烟会加速血管老化，在血管中形成斑块，大脑斑块可导致阿尔茨海默病。吸烟也会引起氧化应激和炎症等病症，提高了罹患阿尔茨海默病的风险。

抑郁及时求助 老人出现抑郁症状应及早就医筛查，这对预防认知障碍并进一步发展为阿尔茨海默病具有重要意义。抑郁症患者患阿尔茨海默病之类认知障碍疾病的风险更大，轻度认知损伤和轻度记忆思维能力障碍患者在确诊前大都出现过抑郁症状。这可能与大脑中压力激素皮质醇相关，而皮质醇水平过高可导致抑郁和认知能力减退。

电视剧《嘿，老头！》中有这样一句台词：“忘记一个人不会难过，难过的是被忘记的人。”看着最亲密的人一点一点地忘记自己却无能为力，是所有阿尔茨海默病患者家属最痛苦的地方。勇敢面对阿尔茨海默病这项不可逆的挑战，每个普通人在做好身体护理的同时更要做好心灵呵护。了解相关科学知识，及早发现患者病情，正视疾病、及时就医，才更有力量去照顾最亲爱的人。

手抖震颤，帕金森病的前兆

令人心酸的颤抖

在 1996 年亚特兰大奥运会开幕式上，点燃奥运圣火的火炬手是拳坛传奇：穆罕默德 · 阿里。他颤颤巍巍地用双手点燃了火种，全场观众屏住呼吸，当火种沿钢丝迅速爬升到圣火台顶时，现场观众沸腾了，他们都向英雄致敬。这是奥运点火史上最感人的时刻之一，当时的阿里已经是一名帕金森病患者。尽管阿里退役后被诊断患有帕金森病，但他依然积极参与社会公益事业，唤起人们对这种疾病的关注。2016 年，阿里去世，享年 74 岁。帕金森病带走了伟大的拳王，也无情地夺走了众多患者宝贵的生命。

帕金森病是一种中老年常见神经退行性疾病，这种疾病本身

图 3-6　帕金森病患者易出现“手抖”症状

并不致命，但发病后会伴随患者终身，严重影响人体运动功能和生活质量。青少年也会患此病，但绝大多数患者为 60 岁以上的老人。在已进入老龄化社会的欧美国家，55 岁以上人群帕金森病发病率已达 1%。

在中国，帕金森病成为继肿瘤、心脑血管疾病之后中老年人的“第三杀手”。目前我国有 2000 万 80 岁以上老年人，帕金森病患者在 250 万人到 300 万人间，每年新增帕金森病患者 10 万人。据北京、西安、上海三地流行病学调查数据显示，65 岁以上老年人平均每 100 人有 1.7 人患有帕金森病。

据预测，到 2030 年中国将有 500 万帕金森病患者。现在中国的帕金森病的患者人数已经占全球患者数的一半，到 2030 年将占约 57%，成为全球帕金森病患者人数最多的国家。

帕金森病的典型症状可概括为四个字：抖、僵、慢、倒。

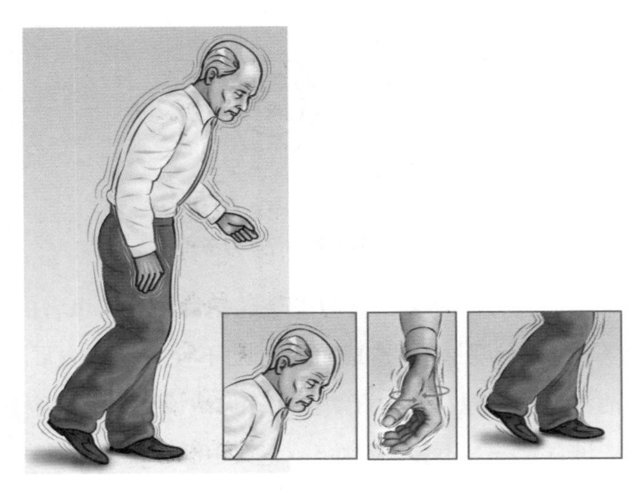

图 3-7　帕金森病的症状

“抖”是指手、胳膊、小腿、下颌和面部不由自主抖动；“僵”指肌肉变得紧绷，四肢僵硬、沉重、不灵活；“慢”意味着动作缓慢，穿衣、刷牙、洗脸等日常生活动作变慢，写字越写越小，走路迈不开脚步，需要小碎步前进；“倒”则是指姿势步态异常，容易跌倒。

人为什么会患帕金森病呢？先来认识一下人脑中一种叫“多巴胺”的神经递质。

多巴胺是一种帮助细胞传送脉冲信号的化学物质，是神经细胞之间相互沟通的“敲门砖”。一个神经元释放出多巴胺，漂过突触间隙，激活下一个神经元。以此类推，这个信号逐层放大，转化为流畅的肌肉动作。这种物质主要负责大脑情欲和感觉，是传递兴奋信息的“开心果”，所以也与上瘾有关。医学上使用多巴胺治疗抑郁症，也是利用了它能传递兴奋情绪的功能。

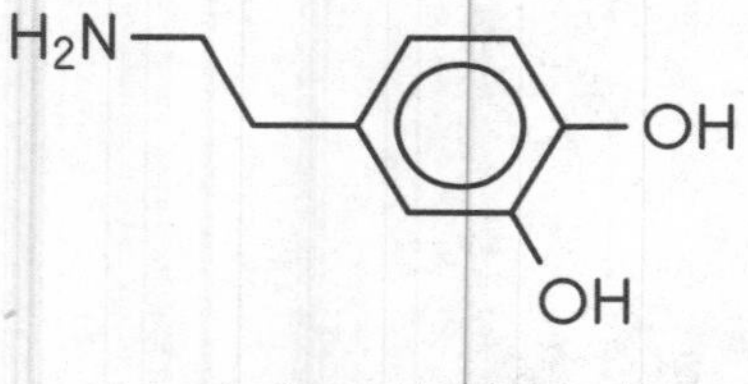

H_2N OH OH

图 3-8　多巴胺的化学分子式

如果多巴胺分泌过多，就会患亨廷顿舞蹈症，患者的四肢和躯干会不由自主地抽动，造成日常行动不便。疾病发展到晚期，病人生活将无法自理，失去行动能力、无法说话、吃饭容易噎着，甚至无法进食。一言不合就“尬舞”，其中滋味谁人尝。

多巴胺不足或者失调，神经细胞间信号传递就会受到影响，患者失去肌肉控制能力或注意力无法集中，严重时导致手脚不自主地颤动，以致患上帕金森病。

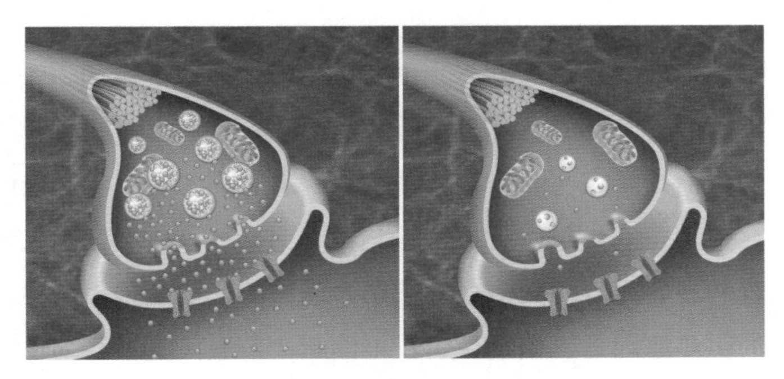

图 3-9　正常情况下和缺乏多巴胺时的突触信号传递

大脑内多巴胺主要由黑质合成，黑质是脑部正常构造的一部分，这个区域不足半厘米，因黑色素沉积呈现出黑色。这个区域是很多神经交流的起源地，换句话说，是多巴胺分子的诞生地。

在拳王阿里被诊断患帕金森病时，医学上已经发现，这种疾病患者大脑黑质多巴胺神经元发生变性，丧失分泌多巴胺的能力，神经元之间失去彼此交流功能。

关爱帕金森患者

1997 年，欧洲帕金森病联合会将每年的 4 月 11 日定为“世界帕金森日”，纪念最早描述这种疾病的英国内科医生詹姆斯·帕金森博士。他在 1817 年就详细描述了帕金森病的症状，而在今天很多人仍对该病缺乏正确认识，这也是阻碍帕金森病患者尽早诊疗的一大障碍。

2017 年发布的一项帕金森病大众调研结果显示，约 90% 的社会大众不了解帕金森病，甚至有些人认为老了就一定会得帕金森病。

帕金森病患者自身也不能正确对待和处理这个疾病，帕金森病就诊率仅在 40% 左右，并且，低于 40% 的帕金森病患者接受正规药物治疗。一些欧美国家帕金森病患者在患病 1 年内及时就诊，在中国患病 2 年以上接受诊治的患者仅为 13.6%，绝大部分帕金森病患者没有接受治疗，被误诊漏诊的人数众多。产生这一现象的主要原因是，帕金森病较难诊断，普通民众不容易认识或者不愿意承认患病，许多人误以为手或头不自主地震颤、肌肉僵直、运动缓慢等症状是阿尔茨海默病。

大家应该如何正确看待这个疾病呢？

帕金森病是一种与年龄相关的神经退行性疾病，典型症状是静止性震颤和肢体僵硬。原发性帕金森病一般主要与年龄老化、遗传和环境等综合因素有关，继发性帕金森病常常具有外伤、中毒、药物副作用等诱因。

帕金森病的发生机制非常复杂，神经元死亡分子机制还未完全澄清，但已发现与帕金森病病理学相关的多条生物学通路，不仅表现为多巴胺功能下降，还包括胆碱、血清素、谷氨酸和去甲肾上腺素神经通路异常。研究显示，帕金森病的致病因素可能有：

α-突触核蛋白聚集　大脑中 α-突触核蛋白错误折叠，蛋白质从可溶状态变为不可溶状态，因而产生毒性使神经细胞功能失调，最终死亡。研究表明，这种蛋白质的错误折叠状态能像朊病毒一样在细胞之间传播，因此，即使在少量细胞中，α-突触核蛋白的错误折叠也可能逐渐传播到其他大脑区域。

线粒体功能失常 线粒体呼吸链中的一种生物大分子功能失常，会扰乱正常钙离子平衡和细胞色素释放。

自噬功能失常 线粒体功能失常和氧化应激水平的提高，会导致溶酶体自噬系统缺陷，提高 α-突触核蛋白释放和细胞之间传播。

帕金森患者，请不要怕

如果确诊患上帕金森病，掌握正确的治疗方法是十分必要的。国际上一致认可治疗帕金森病的最佳方法是“药物治疗＋手术治疗＋运动康复治疗”。

药物治疗原理在于增加脑内多巴胺含量、提高身体对多巴胺敏感性，延缓多巴胺分解代谢，抑制乙酰胆碱（生理作用和多巴胺相反）。帕金森病的病因在于脑内多巴胺与乙酰胆碱神经递质系统的功能相互对抗，两者间的平衡对运动功能起着重要调节作用。帕金森病患者多巴胺水平的显著降低，造成乙酰胆碱系统功能的相对亢进。这种递质失衡会造成大脑活动紊乱、肌张力增高、动作减少等运动症状。所以，帕金森病的药物治疗主要分为两大类：抗胆碱药物和多巴胺功能药物。

如果患者服药后出现疗效减退、副作用增加等情况，应尽早考虑手术治疗，脑深部电刺激是目前治疗帕金森病最有效的外科手术疗法。

帕金森病患者也需要在医生的指导下开展运动康复训练，比

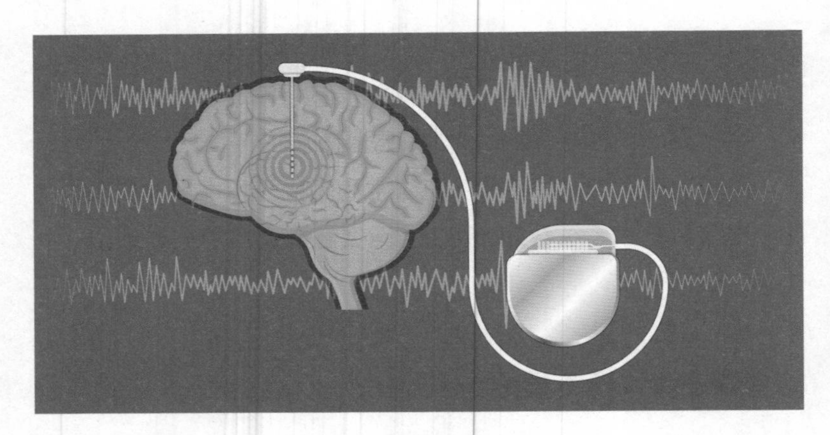

图 3-10　脑深部电刺激

如四肢关节基本训练，姿态步态训练，核心肌群平衡训练，口、面、颈部肌肉训练等，尽量改善运动能力，提高生活质量，减少意外损伤。

仅仅关注帕金森病患者在运动症状方面的改善是不够的。随着病情的发展，帕金森病患者虽意识清醒，但可能丧失活动能力，出现睡眠障碍、便秘、血压波动等，甚至出现吞咽困难、咳痰无力、丧失言语能力等症状。多数患者常常感到孤独、寂寞、无助，伴以焦虑、抑郁的心理，所以，应当使用抗抑郁药物合并心理疏导方法，缓解帕金森病给患者带来的情绪障碍，让患者建立依从性和康复信心。

帕金森病能不能防患于未然？有四类人群需及早预防帕金森病：年龄在 55—60 岁之间的老年人；帕金森病家族史者；经常接触农药的人（农药杀虫剂、除草剂等含有与 MPTP 相似的化学结构，MPTP 是一种已确认与帕金森病相关的化学物质）；重金属的接触者，如锰矿工人等。

一直以来，人们都认为拳击运动是拳王阿里患帕金森病的罪魁祸首。但随着越来越多的对帕金森病的研究显示，头部受创只是一个潜在风险因子，致病因素还包括杀虫剂和除草剂，甚至是基因突变。也许有一天，帕金森病的各种发病原因将会被理解为不同疾病，并被采用不同方法治疗。也许有一天，帕金森病这个名字会被遗忘，早在穆罕默德·阿里被遗忘以前。

关心渐冻者患者，让世界充满爱

巨星的陨落

2018 年，20 世纪最伟大的物理学家之一 ——史蒂芬·霍金去世，享年 76 岁。霍金这个名字对很多人来说并不陌生，他将广义相对论与量子场论结合，解释宇宙起源与宇宙的力量，在黑洞等研究领域做出了突出贡献。他创作的《时间简史》《黑洞、婴儿宇宙及其他》《在巨人的肩膀上》和《果壳中的宇宙》等著作，为人们打开了物理学的宇宙之窗。

霍金是一位渐冻症（ALS）患者。霍金在 21 岁时就患上 ALS，医生预言他只能活两年，他却与 ALS 顽强对抗了数十年。

图 3-11 霍金

"尽管在我的未来上空笼罩着阴影，但我惊讶地发现，现在的我比以往更享受生命。"霍金还说："我的目标很简单，就是对宇宙有一个完整的理解，它为何如此，它为何存在。"虽然早早地被诊断出致命疾病，他却因此点燃了自己的生命目标。

患病的霍金身体严重变形，头只能朝右倾斜，嘴几乎歪成 S 形，肩膀左低右高，双手紧握拟声器，双脚则朝内扭曲，长期坐在轮椅上。霍金在面前的屏幕器上选择词汇，转入装在轮椅背上的语音合成器，发出"霍金式"机器语音。霍金唤起了大家对这种疾病的关注，毕竟 ALS 非常罕见，10 万人中仅有 5 人可能患病。

20 世纪 30 年代，美国传奇棒球运动员卢 · 格里克患上此病。他是美国职业棒球大联盟史上伟大的一垒手，职业生涯以稳定性高、不易受伤著称，也因此获得"铁马"的外号，他也是首位在美国食品包装上出现的体育明星。格里克患 ALS 后快速丧失控制肌肉能力，逐渐瘫痪至卧床不起，逝世时年仅 37 岁，美国纽约全市为他下半旗志哀。

渐冻症的学名为"肌萎缩性脊髓侧索硬化症"，也称为肌萎缩侧索硬化，是一种渐进并致命的神经退行性疾病。患者上下运动神经元受损，从手脚肌肉无力僵硬，逐渐扩展到全身肌肉无力，无法行走、说话甚至无法吞咽，直至大脑完全丧失肌肉控制，无

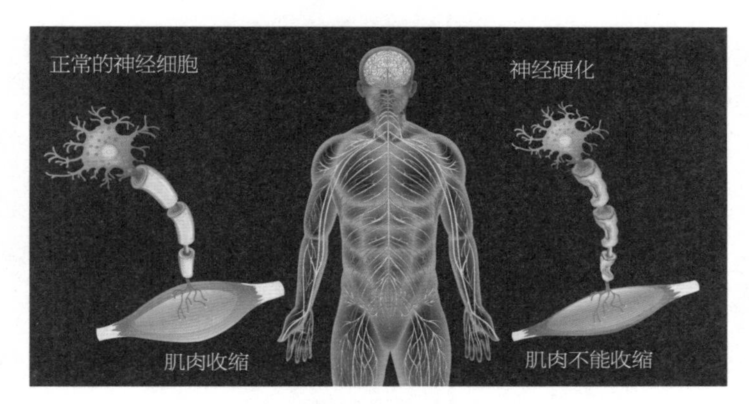

图 3–12 肌萎缩侧索硬化的原理示意图

法呼吸而死亡。

运动神经元病是一系列运动神经元功能障碍性疾病，ALS 就属于运动神经元病的一种，这类疾病主要包括：肌萎缩侧索硬化、进行性肌萎缩、原发性侧索硬化、进行性延髓麻痹等。

大脑和肌肉之间存在神经—肌肉连接，肌肉运动由位于脊髓和脑前部的神经细胞启动，连接着刺激肌肉运动的运动神经。当出现运动神经元疾病时，神经细胞表现出进行性恶化，运动神经无法正常刺激肌肉，导致肌肉无力和萎缩，甚至出现瘫痪。

这种疾病并非由肌肉本身病变所致，运动神经元相关疾病可能病因主要有：神经毒性物质累积，谷氨酸堆积在神经细胞之间造成损伤；线粒体能量代谢异常，造成神经细胞膜受损；遗传基因突变，其中已知与 SOD1、TDP43 等基因相关。

在 ALS 患者中，只有 5%—10% 明确有家族性 ALS 遗传背景，90%—95% 的患者没有家族病史，是偶发性 ALS。能肯定的

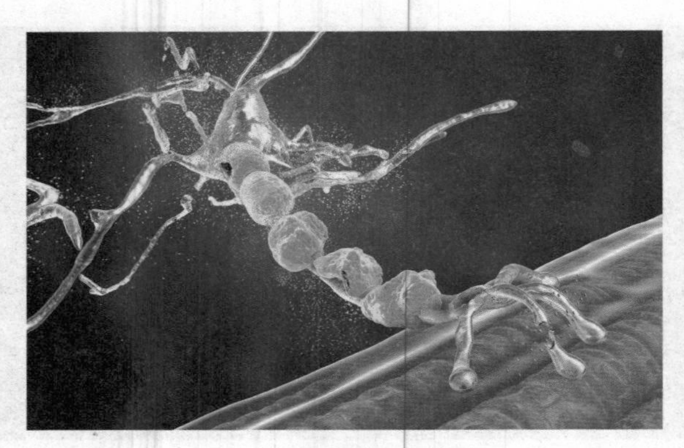

图 3–13　运动神经细胞损伤

是，有家族史和部分没有家族史的患者，其患病都与基因突变相关；如果有家族发病史，很可能与 SOD1 基因变异相关。

"冰桶挑战"

ALS 发生的罕见性，致使相关研究都很"小众"，缺少资源和资金支持。这一现象在几年前改变了，原因就是"冰桶挑战"。

2017 年，美国 ALS 患者安东尼·瑟那查去世，作为"冰桶挑战"发起者，他唤起了世人对 ALS 的重视。

2014 年夏天，瑟那查和亲友在社交媒体发起"冰桶挑战"，参与者在头上浇一桶冰水，把这个过程拍成视频上传到网络，并邀请自己的朋友也这么做，如果被邀请人在 24 小时内没有完成任务，就要向 ALS 协会捐赠 100 美元。

这样做的初衷，是希望健康的人通过用桶浇冰水的方式亲身体验 ALS 患者的处境。

起初，这个游戏只在个人社交圈里流传，后来随着微软创办人比尔·盖茨、脸书（Facebook）创办人马克·扎克伯格及美国职业篮球联赛（NBA）球星科比等名人的参与，“冰桶挑战”马上吸引了大众的目光并火遍全球。

图3-14 冰桶挑战

“冰桶挑战”活动使全球各地ALS慈善机构在极短时间获得了大量捐款。在2014年7月29日至8月26日的四周时间里，美国ALS协会收到超过8850万美元捐款；2013年同时期捐款只有260万美元，数额相差34倍。有报道称，两个月内捐款总额超过1.5亿美元，其中，超过30万笔捐款是来自之前从未关注ALS的新捐助者。

基因突变与ALS

1993年，研究人员找到了第一个与ALS相关的突变基因SOD1，大约有20%家族性ALS患者有这种突变。SOD1基因突变造成蛋白质错误折叠，并在运动神经元中聚集，后来，又陆续发现了与 ALS 有关的许多基因。通过对近 400 例 ALS 患者进行基因分析，超过 25% 的散发个案与新的或罕见基因突变相关，这些基因突变可导致 ALS 的发生。

2016 年，在对 15000 名 ALS 患者开展基因组测序分析后，科学家找到迄今为止分布最广泛的 ALS 疾病相关基因——NEK1。这是一个多功能基因，具有修复受损 DNA 和保持细胞骨架的功能，对神经元发育和功能维持发挥着重要作用。

在美国和欧洲，C9orf72 基因突变占家族性 ALS 的 30%—40%；在全球范围，SOD1 基因突变引起 15%—20% 的家族性 ALS，TARDBP 和 FUS 基因突变约各占 5%，其他基因突变占一少部分。据估计，60% 的家族性 ALS 患者有遗传性基因突变，散发性 ALS 是受遗传基因和环境因素共同影响的，ALS 高风险基因突变个体在环境诱发下会导致疾病发生。

尽管 ALS 尚无治愈药物，致病机制也未完全揭示，但是 ALS 患者可以通过规范治疗和精心护理，改善疾病状况和生活质量，保持积极乐观心态，在患病后仍勇敢追求生命意义。

霍金曾说过："我们被教导很多常识，但常识往往只是偏见的代名词。"霍金的一生不仅充满传奇色彩，更是一种不为命运所折服的生命勇气。在闪烁的群星中，他是人类杰出的代表，科学的代表，抗争的代表……

抑郁症，不能被忽视的疾病

不是“不开心”

2003年4月1日，张国荣从香港文华酒店跳楼自杀，结束了自己的生命，年仅46岁。为他扼腕叹息的同时，人们或许会想起他在1987年自传中的描述：“记得早几年的我，每逢遇上一班朋友聊天叙旧，他们都会问我为什么不开心，脸上总见不到欢颜。我想自己可能患上抑郁症，至于病源则是对自己不满，对别人不满，对世界更加不满。”

什么？抑郁是一种严重的疾病？难道不仅是心情不好、不开心吗？抑郁症患者会自杀？难道不是一时想不开吗？其实，没那么简单。

抑郁是一种情绪，不管是人或是其他动物，都可以感受到这种情绪。抑郁情绪是正常现象，就像人的喜怒哀乐一样。

但是，抑郁症的严重程度却远远超过抑郁情绪，跟通常情绪波动比如“心情不好”完全不同，郁郁寡欢、不开心绝对不是这种疾病的全部。抑郁症会带来个体在生理、行为、思维和情绪上的整体失常，是一种后果严重的精神疾病。

抑郁症并不罕见，全球有超过3亿名患者，以女性居多。抑郁症主要特点是持续感觉悲伤，对事物丧失兴趣或愉悦感，有负罪感或自我价值感低，睡眠紊乱或食欲不振，感到疲倦且注意力

图 3-15　抑郁不是"不开心"

不集中。患者可能自称有多种身体不适，但却没有明显生理病因，长期中度或重度抑郁症患者会受到疾病的极大影响，在工作场所、学校和家中表现不佳；最严重时，抑郁症会引致自杀。每年全世界有近 80 万人因抑郁症自杀身亡。

在这里，我们要特别指出，大家需要正确区分精神病和神经病。

神经病与精神病是两个完全不同的学科。神经病，指的是神经系统发生的病变；精神病，是主要表现为精神活动障碍的疾病。如从临床上区分，神经病对应的科室是神经内科和神经外科，精神病对应的是精神科或心理科。人们容易混淆神经病与精神病的主要原因是两者在症状上常常有交叉相似的地方，某些神经病患者也会出现精神活动障碍，比如，阿尔茨海默病患者在疾病中晚期，会逐渐出现人格改变和情感障碍等。

"心理"战

抑郁症，这种看不见摸不着的心理疾病会对现实世界造成巨大影响。

世界卫生组织研究显示，早在 1990 年，全球疾病负担排名中抑郁症位居第 5 位。在 15—44 岁年龄组前 10 项疾病中，有 5 项为精神障碍疾病，分别是抑郁症、自杀与自残、双相障碍、精神分裂症和酒 / 药物依赖，而其中，抑郁症、自杀与自残是导致疾病负担最大的问题。

到 2020 年，抑郁症成为继冠心病后第二大疾病负担来源，恶性肿瘤、心脑血管疾病和呼吸系统疾病分列三至五位，抑郁症、自杀与自残以及阿尔茨海默病等的疾病负担将会明显增加。

抑郁症会显著影响个体身心健康、社会交往、职业能力及躯体活动，其所带来的心理社会功能损害包括：不能上班、工作能力下降、婚姻不和谐以及亲子关系不佳等问题，抑郁症患者自杀、自残甚至伤害亲人的概率高于其他人。

自杀是抑郁症的常见症状之一，是导致抑郁症患者死亡的主要原因。我国目前自杀率为每 10 万人中有 9.7 例，由抑郁障碍相关问题引发的自杀约占 40%—70%，有三分之二的抑郁症患者曾有自杀想法与行为，15%—25% 的抑郁症患者因自杀死亡。

好好的一个人怎么就得了抑郁症呢？

人们对抑郁症的认识经历了长期的曲折探索。起初，抑郁症被认为只不过是心理问题，如果一个人在生活中遇到失业、亲人去世、心理创伤等事件，更容易罹患抑郁症，而抑郁症可导致更大压力和功能障碍，影响患者生活并加剧抑郁症状。后来，人们又认为抑郁症是大脑中的一些化学物质引起的，比如由与情绪、活力相关的多巴胺、5- 羟色胺等单胺类神经递质的减少引起。在过去几十年中，科学家逐渐发现，抑郁症很可能与大脑发生病理性改变有关。

神经递质发挥作用

目前研究显示，抑郁症是患者大脑中三种神经递质5-羟色胺、去甲肾上腺素、多巴胺的失衡所致，多数抗抑郁药物也是通过调节这三种递质发挥抗抑郁作用，以改善患者精神状况的。

抗抑郁药物如何抗抑郁?

我们大脑中有神经递质，它们由神经细胞分泌出来，遍布中枢神经系统各个角落，作为神经信号的载体，负责各种重要神经活动。不过，神经细胞之间并不是"无缝"衔接，仅仅是互相接触，在结构上没有基质相连，彼此间保留了"神秘感"，而接触部位就称为突触。具体地说，神经递质由一边的"突触前端细胞"分泌，释放到"突触间隙"空间，然后被另一边"突触后端细胞"收到，完成了一次信号的传递，神经信号就像接力棒一样传递下去，这种方式和人类情感交流有异曲同工之妙。

神经递质可以被神经细胞重新摄取，这是一种非常重要的自动调节机制，让它们在大脑中保持合理平衡，人类才会拥有正常的情绪反应。若不然，每个人的情绪都像过山车一样，则可真是一个疯狂的世界了。当神经递质浓度变低，人会产生类似抑郁的情绪，如果这种情况持续时间较长，就可能演变为抑郁症。

这时，从外界补充神经递质就能够减轻抑郁症症状，目前，抗抑郁药物已经发展到第四代，大致可分为八类。其中，最常用一类是"选择性5-羟色胺再摄取抑制剂"，简称SSRIS。SSRIS系列药物可有效抑制神经元对5-羟色胺的回收，达到保持5-羟色胺浓度的作用。

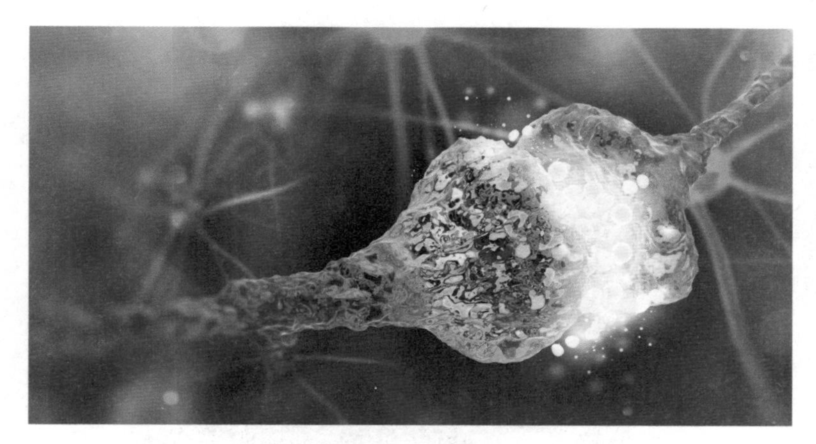

图 3-16　突触和神经元细胞传递电子化学信号

也就是说，SSRIS 维持大脑 5- 羟色胺的平衡策略，不是“开源”刺激生产 5- 羟色胺，而是“节流”减少消耗 5- 羟色胺。

“郁”而重生

在各种疾病的治疗中，抑郁症可能是最需要患者自身努力的。疗效如何，很大程度上取决于个人主动性。抑郁症患者不仅要遵照医嘱服药，而且要积极进行心理治疗，对患者提出了更高的自我要求。抑郁症患者的康复程度，须由自己的行动决定。

首先，抑郁症患者要拿出面对自我的勇气。在治疗中，需要追溯自身性格养成，直面内心深处的黑暗阴影。如果畏惧、回避，就达不到好的疗效。

其次，心理治疗不是简单的“聊人生”，心理咨询师的作用是

图 3-17　相信自我

引导、激发出患者自身的内在力量，帮助他们克服障碍，走出困境。

最后，心理治疗能否取得效果，最终取决于实际行动。比如在认知行为疗法中，患者需要记录自己的负面思维，开展批判性思考，关注自己的点滴进步等。

抑郁症患者大都有相似的易感性格，如敏感、自卑、脆弱、逃避、追求完美等，因此，在整个治疗过程中，须采取实际行动修复个性弱点，提升自信，完善人格成长。

总之，良好的心态、健全的认知行为结构、成熟的防御机制、强大的抗挫折能力，都需要在实际行动中才能获得。从这个意义上讲，抑郁症治疗的本质是自救。从疾病中找到治愈的力量，需要靠自己的努力和永不放弃。

戒不掉，你可能上瘾了

网瘾来了真难受

什么？喜欢玩游戏也是一种精神病了！

世界卫生组织在2018年把“游戏障碍”列入精神疾病范畴，并写入了新版《国际疾病分类》。根据分类草案描述，“游戏障碍”的概念是：过于频繁持续地玩网络和电子游戏，无法控制时间、强度、频率等，将玩游戏置于其他一切日常活动之上，即使过度游戏显现了负面结果，也保持此种行为模式，甚至有增强倾向。

游戏成瘾是否应被看作精神疾病，是长期以来人们争论不休的话题，尽管世界卫生组织花了十几年才得出游戏成瘾是一种精神疾病的结论，但仍引发了巨大的争议。大多数人认为，游戏成瘾的确有害，甚至扰乱生活，影响健康，不过，这到底是疾病还是行为问题，还有待商榷。

相对而言，与游戏成瘾类似的网瘾，似乎更具有普遍性。网瘾最初是由美国精神科医生提出的成瘾行为障碍概念，而且把“手指会自觉或不自觉地做出敲打键盘的动作”列入网瘾标准的“七宗罪”之一。现在通常所指的网瘾，一般是上网者因为长时间习惯性沉迷在虚拟网络中，对互联网产生过度依赖，以致痴迷而难以自我解脱的行为与心理状态。

在如今全球互联网时代，人类和网络结合十分紧密，游戏、

图 3-18　网络成瘾

社交、工作、生活等早已离不开互联网。网络中的我们越来越接近于真实世界中的我们，从这个角度来看，我们的网瘾确实越来越“严重”。随着新兴信息技术的发展，未来两者将会有更多的交集，给我们提供了更多的“上瘾”机会。

网瘾到底算不算疾病？专家们也没有达成共识，大众观点也认为网瘾只是行为依赖，是长期接触形成的心理习惯，而不赞成将其定义为精神疾病。我国曾在 2008 年发布了一个备用通行标准，判定日均上网超过 6 小时即为网瘾，不过卫计委于 2009 年否定了这一标准。

当专家们为此伤透脑筋的时候，一个新的研究领域诞生了。互联网与神经学两个领域交叉产生了互联网神经学，即大脑互联网心理学研究方向之一，重点研究互联网对人类大脑在心理学层面的影响和重塑，包括互联网对使用者的认知能力、情绪和社交关系的影响问题等。

游戏成瘾和网瘾到底算不算疾病，也许，新的研究会带给我们答案。

成瘾也是一种痛苦

不管游戏成瘾、网瘾算不算疾病，长时间“泡”在游戏里或者网络上，的确会出现很多问题。

临床发现，网瘾的高发人群多为 12—18 岁的青少年，男女比例为 2∶1，有很多人因上网耽误正常学习。现在，网瘾已经不再是青少年的“专利”，某些成年人也纷纷“中招”，网络成瘾是成年人工作质量和效率下降的重要原因，成年人的网瘾往往会陷得更深，发展更快，影响更大。

青少年是网瘾易感人群，“网瘾”者多从网络游戏中找快乐。英国一项研究显示，网瘾可能并不是真实的存在，长时间玩网游的人可能只是想暂时逃避现实生活中的不愉快。

这么说来，网瘾对人的身心健康到底有哪些危害呢？

视力下降、生物钟紊乱、神经衰弱 由于长时间上网，不能保证正常的睡眠时间、维持规律的作息，会出现失眠、头痛、注意力不集中、消化不良、厌食、体重下降等现象。

危害交际能力、诱发不良行为 诱发不与人交往、暴躁、攻击性等反常行为，一些人甚至会因此犯罪。

妨碍工作和学业 沉迷网络聊天、网络游戏，耽误工作和学业，青少年可能会逃学、考试挂“红灯”、留级甚至被迫退学。

情绪障碍和社会适应困难 注意力不能集中持久，记忆力减

图 3-19 视力下降

退，对其他活动缺乏兴趣，为人冷漠，缺乏时间感，情绪低落。

网瘾综合征 上网时间过长以后，大脑神经中枢持续处于高度兴奋状态，引起肾上腺素水平异常增高、交感神经过度兴奋、血压升高、神经功能紊乱；此外，还会诱发心血管疾病、胃肠功能紊乱、紧张性头痛等病症。

心理障碍 一些青少年过分迷恋网上交往，忽视真实存在的人际关系，产生现实人际交往萎缩和角色错位；如爆炸般的网络信息挤压，加大心理负担和压力，引发“信息污染综合征”等心理障碍。

网络不良信息影响 网络欺骗、赌博、人身攻击、反动言论、犯罪行为以及各种网络垃圾等都可能使网瘾者，特别是青少年受到伤害。

思维能力降低 长时间面对电脑，逻辑思维能力受到抑制和削弱，弱化了现实生活中的反应能力和应对能力。

难言之“瘾”不难言

为什么青少年更容易有网瘾？更容易对玩游戏上瘾？

神经科学研究发现，在人的大脑里，有一个包括前额皮质和腹侧纹状体在内的“奖赏通路”。视频、游戏等可以激活多巴胺在大脑“奖赏通路”的传输，多巴胺是一种使人产生快感的情绪调节激素，让人喜欢上网和玩游戏。

青少年大脑未完全发育成熟，与奖赏有关的神经系统对外界刺激更为敏感，也就是说，他们更易对上网和玩游戏产生快感。此外，负责自我控制的大脑前额皮质也还没有发育成熟，使得青少年相对成人的自我控制能力较差，即使知道上网或玩游戏时间太长不好，他们也难以控制冲动。

所以，大脑神经系统发育不成熟，是青少年容易对网络和游戏成瘾的重要原因。另一方面，青少年对新鲜事物充满了好奇，寻求刺激、惊险和浪漫，网络虚拟世界出现以后，满足了青少年在这方面的心理需求，使他们容易上瘾。

一旦网瘾形成，不但会导致对人体的损害，还会带来人格的改变。当被限制上网时，被限制人常常会与他人甚至家人产生强烈冲突，心理障碍严重时甚至发展成抑郁症、强迫症，对周围的人和环境采取逃避或对抗态度，产生严重的社交障碍和语言表达能力障碍。

在青少年人生中成长的关键时期，如果不能正确对待网络和游戏，将造成难以承受的“内伤”。

化“瘾”为“趣”，“意”高“思”远

如何让青少年正确地利用网络，有节制地开展游戏娱乐？这不仅仅是青少年自身的问题，更是家长、老师、学校乃至社会都应该思考的问题。

玩网络游戏是一种乐趣，学习知识也是一种乐趣，动手实践更是一种乐趣。对于青少年，虽然必要的理念教育和强制措施是不可或缺的，但更应该从促进全面成长发育的思维出发，子曰：“知之者不如好之者，好之者不如乐之者。”

不要拘泥于严防死守的“断网”“拔电”“砸键盘”“藏鼠标”“改密码”等传统手段，从非传统手段引导青少年感受学习的乐趣、大自然的美好、人生的精彩，把好的网络内涵照进现实，把好的现实追求带入网络，成就一段别样的青春旅途。

很多家长在孩子出现网瘾之后，往往采取强硬加暴力的教育方式，其实这是不对的，这种方式很有可能加重孩子的叛逆思想。家长本身要以身作则，以理服人，并且要信任孩子。孩子是新生力量，相信孩子就是相信自己。每一位家长都应该对孩子有充分的信心，从而建立和谐的家庭成员关系。

如果出现网瘾的话，最好的方法就是为孩子培养一些别的兴趣，将他们的注意力从网络中转移出来。另外，家长一定要注意，在这个过程中要鼓励孩子，让他们升起对其他事物的兴趣。

为了控制上网时间，青少年可以参加户外活动，加入学习兴

趣社团，培养有益于身心健康的兴趣爱好。我们要赏识青少年所做的积极努力，以及所取得的点滴进步，甚至要学会赏识他们的失败，这样才能培养青少年的自信心，激发他们对现实生活的追求。

图 3-20　户外运动有助于控制成瘾

当然，这需要家长和青少年之间建立有效的沟通方式，共同制订干预计划，然后有计划地减少每天的上网时间，寻找其他的兴趣活动来转移注意力。这个过程会有反弹，但需要耐心坚持，最主要是双方能够合作，建立乐观愉快的心理共识。

第4章

免疫

“先天性”的自然免疫力

看不见的病因

人们经常从新闻里得知类似的事件：

2018 年 3—4 月，美国发生大肠杆菌疫情。重灾区宾夕法尼亚州感染者多达 18 人，加利福尼亚州报告 13 起病例，爱达荷州 10 起，患者症状包括腹泻、严重腹痛和呕吐。

2018 年 10 月，中国香港发现手足口病。在中国香港的一所幼儿园，有 20 名幼儿出现发烧、口腔溃疡、手脚出疹及水泡等病征，1 人需住院治疗，经化验，证实与肠病毒之一的柯萨奇病毒 A6 的感染有关。

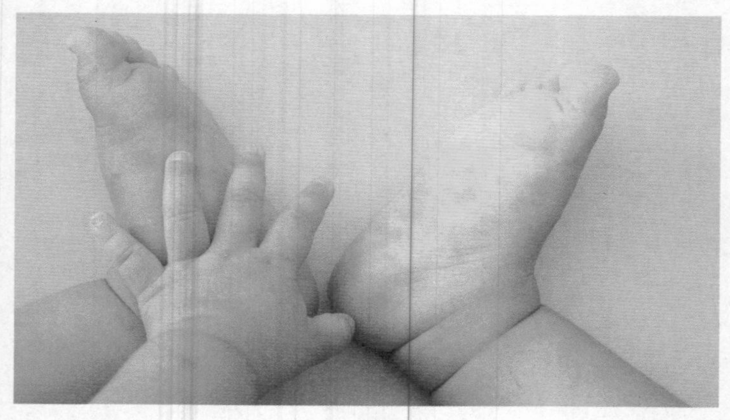

图 4–1　手足口病

这些祸事的罪魁祸首都是看不见的细菌或者病毒。

大肠杆菌属于革兰氏阴性菌，是寄生在人肠道内的一类细菌群，但某些菌株可引发感染，患者通过食入被大肠杆菌污染的食物、接触感染动物或饮用污染水发生肠道感染。柯萨奇病毒是引发手足口病的二十多种病毒之一，是一种常见的人类病毒，经呼吸道和消化道感染人类，感染者会出现发热、打喷嚏、咳嗽等症状。

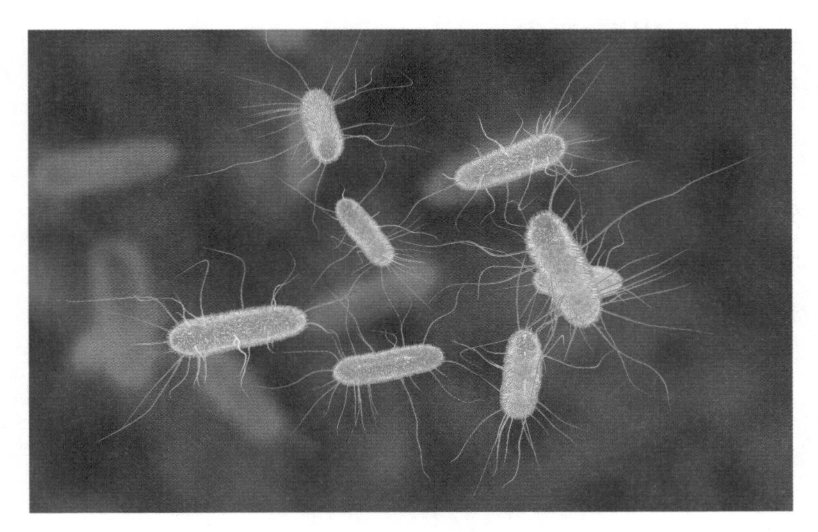

图 4-2　大肠杆菌

我们生活在充满病原微生物的世界里，每天都会接触细菌、病毒等各种病原体。但是，我们为什么不会轻易生病？或者说，偶尔的出现口腔溃疡、头疼脑热、肚胀腹泻等症状，我们又为什么能够自己痊愈？这是因为机体的免疫系统在保护着我们。尤其是在消化道和呼吸道，免疫系统一直在监视病原微生物，一旦发现有细菌、病毒等入侵，就会调动人体的防御和清除能力，与病原体展开战斗。

人体免疫系统由免疫器官、免疫细胞以及免疫活性物质组成，能发现并清除入侵人体的病原微生物，以及体内发生突变的肿瘤细胞、衰老细胞、死亡细胞或其他有害成分，通过免疫调节来保持体内环境的健康和稳定。

忙碌的“团战”厮杀

人体免疫系统大体分为三大“军团”：

“第一军团”由皮肤和黏膜等组成。它们是直接接触外界的部分，拥有密集阵列的防守能力，阻挡病原体进入机体，就像一道城墙，把病原体挡在外面。比如，皮肤汗腺能够分泌乳酸，使汗液呈酸性，不利于病菌生长；又比如，呼吸道黏膜表面的黏液和纤毛，能够阻挡并排出入侵的微生物。

“第二军团”由吞噬细胞等非特异性免疫细胞组成。这些细胞

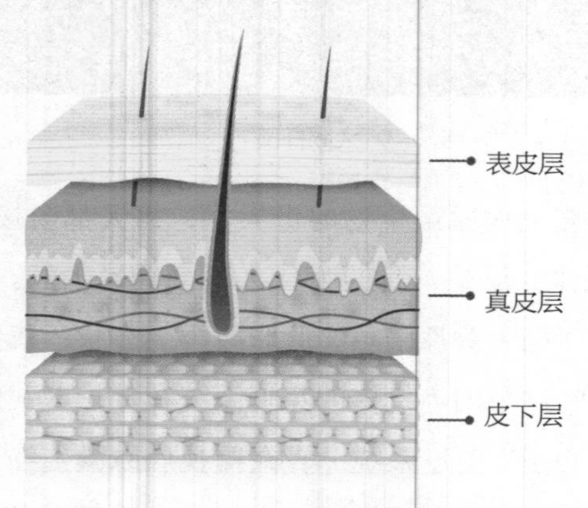

图 4-3　皮肤的三层结构

可以识别异物和机体本身物质，然后包裹并吞噬异物，接着释放细胞内消化酶，溶解、消灭异物。也就是说，它们就像边防城墙的驻军，对于所有入侵的敌人，一律竭力阻挡。“第二军团”可以消灭我们平时接触的绝大多数病原体。

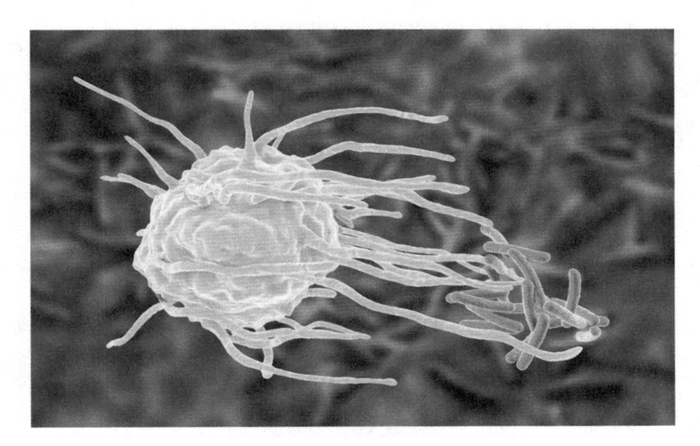

图 4-4　巨噬细胞吞噬结核分枝杆菌

“第二军团”是免疫系统的“非特异性免疫”部队，但有些病原体，如流感病毒这样的“狠角色”攻击力很强，冲破“第一军团”城墙，击败“第二军团”的防御，能够突破人体免疫的前沿阵地，可能会进入体液甚至入侵到细胞中。这时候，“第三军团”的“特异性免疫”部队就临危受命了。

参与特异性免疫的细胞和免疫因子很多，根据不同病原微生物的入侵路线，免疫系统会调配不同的兵力来阻击。如果病原体入侵到体液中，还没“杀”进细胞里面，免疫细胞就会首先识别它们，针对性地制造出消灭来犯之敌的武器——抗体；一旦病毒已经“攻”入细胞，免疫细胞可以给被入侵细胞发送细胞裂解的

“自杀信号”，病原体就会暴露在体液中，于是抗体又可以将它们消灭。

20 世纪初，吞噬和抗体分别被认为代表免疫反应的两种基本模式，即细胞免疫和体液免疫。从那时起，这一理论不断改进完善，这两种免疫反应经典模式一直沿用至今。

吞噬细胞“胃口好”

皮肤、眼角膜、呼吸道、胃肠道及泌尿生殖道黏液组成了人体第一道天然防御屏障。如果病原微生物突破了这层障碍，紧接着要面对的就是非特异性免疫系统（也称固有免疫、天然免疫）阵地。非特异性免疫系统可对入侵者迅速做出反应，即使是从未遇见的“新面孔”也能明辨敌我，不过，它只能识别出“不是自己人”，不能指认出“是什么人”。

细胞免疫在天然免疫系统中发挥着重要作用，在“第二军团”阵地中的守卫战士有：白细胞（包括粒细胞、单核细胞、巨噬细胞、天然杀伤细胞等）、补体、免疫球蛋白等。我们就来看一看，在病原体入侵后，这些卫士们是如何发挥出色的防护水平的。

单核细胞与巨噬细胞　巨噬细胞从单核细胞发育而来。当出现感染时，单核细胞从血液进入感染组织，几小时后，感染部位单核细胞明显增大，并在细胞内产生颗粒，就这样“摇身一变”成为巨噬细胞。巨噬细胞能够吞噬细菌、外来细胞和受损及死亡细胞，还能分泌信号物质召唤其他白细胞到感染部位“协同防卫”，这个过程叫作“趋化”。

中性粒细胞 中性粒细胞是血液中最常见的白细胞，它们吞噬细菌和其他外来细胞，可以释放酶类，辅助杀伤和吞噬外来细胞。中性粒细胞在血液中循环，在接收信号后才能从血液进入组织，这种信号来自细菌自身、补体蛋白或者受损组织。到达感染组织之后，中性粒细胞能使周围组织产生纤维，捕获细菌，防止其“流窜作案”。

嗜酸性粒细胞 嗜酸性粒细胞可以吞噬细菌，如果病原体过大，吞噬细胞忙不过来，嗜酸性粒细胞也能出手相助。这种细胞中含有颗粒，可对病原体释放酶和其他毒性物质，在外来细胞的膜上打孔，让它们更脆弱，有利于免疫攻击。

嗜碱性粒细胞 嗜碱性粒细胞不吞噬外来细胞，它们含有充满组胺的颗粒，组胺是一种参与免疫反应的物质。当嗜碱性粒细胞遇到外来细胞会释放组胺，增加炎症组织的血液流动，召唤中性粒细胞和嗜酸性粒细胞赶到炎症部位，消灭入侵者。

自然杀伤细胞 这种细胞被称为“杀手细胞”，能识别并杀伤癌细胞和病毒感染细胞。自然杀伤细胞与异物细胞结合，释放酶类和其他物质，损伤外来细胞外膜。自然杀伤细胞产生的细胞因子，还有调节 T 细胞、B 细胞和巨噬细胞的功能。

细胞因子 白细胞和免疫系统其他细胞在识别抗原后产生细胞因子，细胞因子是免疫系统的信使。例如：一些细胞因子有刺激活性，刺激白细胞成为更有效的杀伤细胞，并召唤其他白细胞“参加战斗”；一些细胞因子有抑制活性，帮助终止免疫反应，及时控制“战斗升级”；有些细胞因子是抑制病毒复制的干扰素，有些细胞因子在特异性免疫反应中发挥重要作用。

“获得性”的特异免疫力

“会学习”的细胞

我们了解了人体防御病原体的三大“军团”，大名鼎鼎的“第三军团”就是特异性免疫，也称为“获得性免疫”。

人的一生不会患两次天花或麻疹。特异性免疫会让免疫系统记住曾经来犯之敌，当病原体再次出现时就立刻攻击。之所以被称为特异性免疫，是因为它们仅仅会攻击之前遇到过的特异抗原。

特异性免疫不是与生俱来的，而是通过后天“学习”获得的，具有学习、适应和记忆能力。身体如果遭遇病原体入侵，免疫系统在一段时间（数天或几周）能够学会最有效的攻击方法——生成抗体，并且对抗原产生记忆效应；如果相同抗原再次入侵，免疫系统反应会更迅速、更准确。这正是疫苗接种预防疾病的原理，主动使免疫系统识别少量抗原，一旦真正的敌人进攻，人体已经具备抵抗的能力。

在特异性免疫中，参与反应的免疫细胞具有非常重要的功能：

淋巴细胞包括 T 淋巴细胞和 B 淋巴细胞，简称 T 细胞和 B 细胞。

T 细胞　主要负责识别抗原，在人体胸腺中产生，成熟 T 细胞储存在淋巴器官中，如淋巴结、脾、扁桃体、阑尾和小肠等。T 细胞在血液和淋巴系统中循环，当首次遇上入侵病原或异常细胞

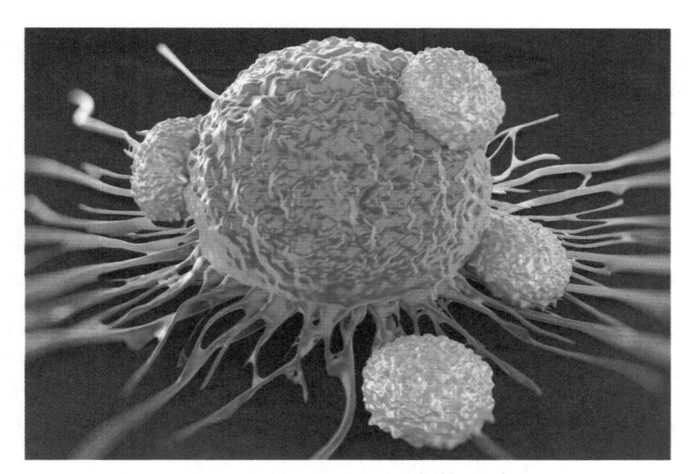

图 4-5　T 细胞攻击癌细胞

后，它们就被激活（需要注意的是，有的时候 T 细胞不能区分外界物质和自身物质，就有可能攻击自身组织，导致自身免疫性疾病，比如红斑狼疮等）。

这支特殊“军团”拥有各式不同类型的兵种：杀伤 T 细胞，是消灭病原体的主力军，通过与病原细胞或异常细胞（如癌细胞）的抗原结合，在细胞膜上打孔并将杀伤性酶注入，杀死这些“敌军”细胞。辅助 T 细胞，主要辅助其他免疫细胞功能，一些辅助 T 细胞能激活“主力部队”杀伤 T 细胞或巨噬细胞，使它们能够更有效地杀伤或吞噬敌人；一些辅助 T 细胞则与 B 细胞“接头合作”，辅助它们产生针对外来抗原的抗体。调节性 T 细胞，从另一个角度来辅助免疫系统，通过抑止免疫反应发挥免疫“负调控”作用。记忆 T 细胞，是一种“记仇”的细胞，自从 T 细胞第一次遇见某种抗原，一些 T 细胞发育成了记忆 T 细胞，存活时间可长达数年甚至几十年，它们牢牢记住了那些年“相遇”的特定抗原，当病原再次出现时，免疫系统就能“一眼认出来”了。

B 细胞 是在骨髓中形成的，可以学习识别不同抗原，因为它们表面有与抗原特异结合的位点，称为受体。B 细胞的主要功能是产生抗体，也可以向 T 细胞呈递抗原，特异性免疫过程，是从 B 细胞“遇见”抗原产生抗体开始的。

B 细胞对抗原的反应较复杂，大致可以分为初级免疫反应和次级免疫反应两类。

初级免疫反应是指抗原初次接触 B 细胞时，与细胞表面受体结合，刺激 B 细胞开始增殖。一部分 B 细胞转变为浆细胞，产生抗体，辅助 T 细胞参与这个反应过程。不过，这个过程产生足够

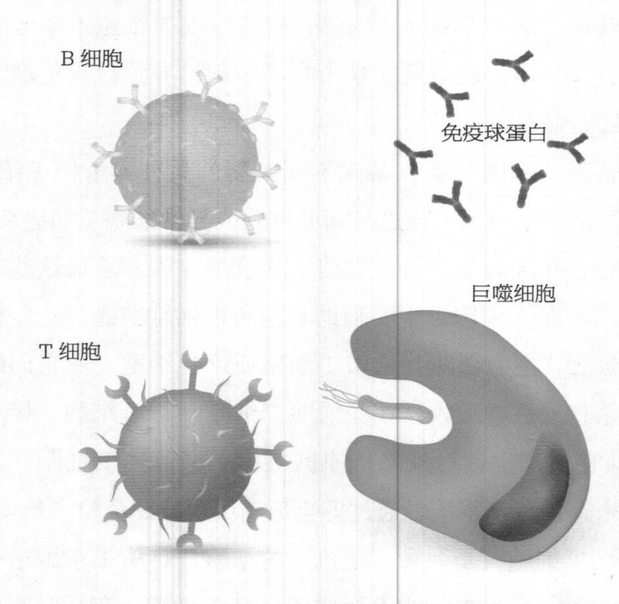

图 4-6　T 细胞、B 细胞、免疫球蛋白与巨噬细胞

的特异性抗体需要时间，初级免疫反应往往较慢，部分 B 细胞转变为记忆细胞。

次级免疫反应是指在初次识别抗原之后，分化成记忆细胞的 B 细胞如果再次接触抗原，会特异地识别这种抗原，增殖、分化浆细胞，产生抗体。这种反应迅速高效。

树突状细胞是目前已知功能最强的抗原呈递细胞，最重要的功能就是吞噬抗原，将其分解成抗原“碎片”，这个过程被称为抗原处理；然后，树突状细胞把处理后的抗原“快递”给其他免疫细胞，这个过程被称为抗原呈递。当抗原被树突状细胞呈递给 T 细胞和 B 细胞后，T 细胞和 B 细胞被激活启动，特异性免疫反应过程开始。

树突状细胞遍布于人体皮肤、淋巴结和组织，细胞成熟时伸出许多树突样或伪足样突起，由此得名。其中，有一种类型的树突状细胞是滤泡树突状细胞，能使抗原—抗体复合物在树突上形成免疫复合物包被小体，然后呈递给 B 细胞，参与免疫记忆应答。

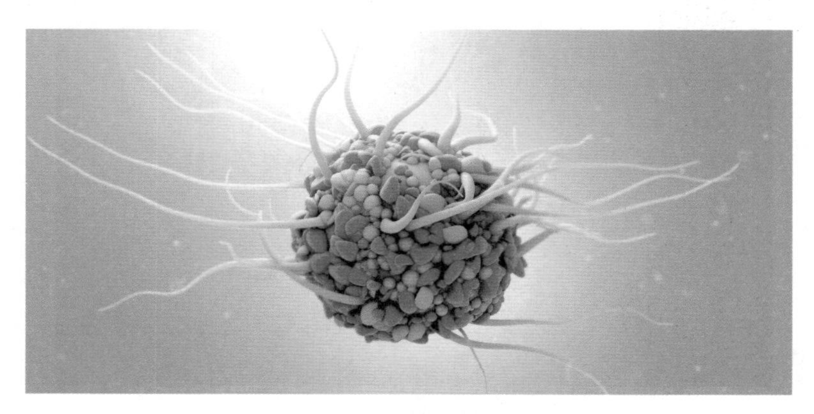

图 4-7　树突状细胞模拟图

“被动的”抗血清

你知道目前埃博拉出血热唯一有效的治疗方法是什么吗？就是从幸存者血液中取得抗血清（恢复期血清），输到其他患者体内的血清治疗法。

抗血清是含有抗体的血清，包含多种特异性抗体，注射到生物体内，可产生被动免疫效果。被动免疫的特点是起效快，一经输入抗血清立即获得免疫力，但免疫力维持时间短。

抗血清的用途主要有两种：

第一种用于医院、实验室对病原的检测、鉴定。抗原能与其诱导产生抗体发生凝集、沉淀等反应，如果被检测样品能够与抗血清发生特异反应，说明样品中含有需要检测或鉴定的病原体。

第二种用于治疗。许多由毒素、细菌或病毒引发的疾病都可

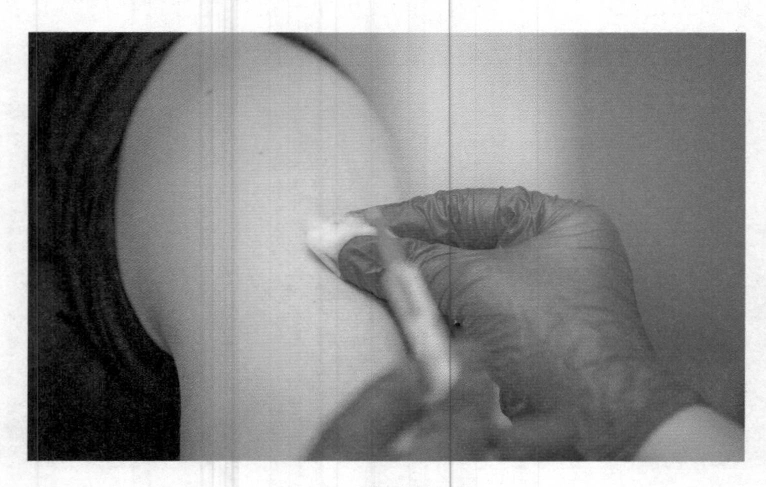

图 4-8　抗血清治疗

以用抗血清治疗，比如白喉抗毒素、破伤风抗毒素、肉毒抗毒素、狂犬病抗血清、气性坏疽抗血清、炭疽抗血清、治疗蛇毒的抗蛇毒血清，等等。

在2003年暴发的SARS疫情中，北京302医院的一名医生不幸被SARS病毒感染，在注射康复患者血清20天后，他的身体终于恢复了健康。作为抗毒一线的医护工作者，又是抗毒血清疗法的实践者，他说："传染病恢复期在患者体内消灭病毒的同时，免疫系统会发生特异性免疫反应，不仅能产生抗体，还能生成一部分记忆细胞。它们会随着人体内的体液循环到达血液，存在于血清中，这种血清就是'抗毒血清'。将其打入同病种传染病患者体内后，抗毒血清能发挥'雷达'的作用，识别病毒并不断分裂，随后产生大量抗体，最终彻底消灭病毒。"

这也是埃博拉幸存者的血清能够治疗其他患者的原因所在。

"主动的"抗体

仅从字面上不难理解，"被动"免疫始终不是上策，我们自身"主动"产生抗体，才是对抗侵略者最好的"猎枪"。

抗体如何"狙击"抗原？抗体究竟是什么呢？

当B细胞接触抗原后，被刺激成熟为浆细胞，浆细胞就会释放出抗体，与抗原结合形成抗体—抗原复合物。所以，抗体和抗原的关系是紧密匹配，如同钥匙和锁一样。抗体保护身体的方法有：帮助细胞吞噬抗原、使细菌产生的毒性物质失活、直接攻击细菌或病毒、激活免疫补体系统、辅助免疫细胞杀伤感染细胞或癌细胞等。

抗体也称为免疫球蛋白（Immunoglobulin，Ig）。抗体分子模样像大写字母“Y”，典型的抗体分子有两个组成部分：可变区，负责与特定抗原特异性结合；恒定区，决定抗体的类别和功能。

不同类别抗体在免疫系统中有不同的作用，以人类为例，抗体类型分别用IgG、IgM、IgE、IgA和IgD来表示。

IgG　是人体内的主要抗体，占血液中抗体总量的70%—75%，能够有效地预防细菌、病毒侵入人体。它还是唯一可以通过胎盘的免疫球蛋白，对出生后数月内的婴儿防御白喉、麻疹、脊髓灰质炎等也十分重要。出生6个月后，来自母亲胎盘的IgG几乎全部消失，婴儿自身产生的IgG从3个月时逐渐增多，到3—5岁时才逐渐接近成人水平，所以，婴儿通常出生6个月后容易感染疾病。人体免疫接种后，可检测血清中特异性IgG水平，以评价疫苗接种效果。

IgM　占血清抗体总量的10%，是抗体中分子量最大的一种，通常称为巨球蛋白。这种抗体好比快速反应部队，是感染后产生最早的抗体，感染初期过后会很快消失，维持时间较短。在特异性免疫启动阶段，主要由IgM清除病原，但浓度会因清除消耗而迅速下降，常常作为感染的指标。它具有极高的亲和力，而且分子量极大，在抗原凝集反应中非常有效。

IgA　存在于黏膜组织如消化道、呼吸道以及泌尿生殖系统中，保护这些组织免受对抗病原入侵，在唾液、泪液及乳汁中也有它们的身影，尤其是在初乳中，IgA的含量相当高。

IgE　与过敏反应关系密切，与致敏原相结合后，会刺激肥大细胞和嗜碱性粒细胞释放组胺。另外，它们也保护机体防御寄生虫感染。

IgD 主要出现在成熟 B 细胞表面，是一种抗原感受器，参与启动 B 细胞产生抗体，与某些自身抗体和抗毒素抗体相关。

那么，人体受到病毒攻击，多久后会产生抗体呢？我们来看一个例子：2019 年底，新型冠状病毒（SARS-CoV-2）引发了肺炎疫情（COVID-19），在媒体报道中，我们常常听到 IgG 和 IgM，其实，这就是人体接触病毒引发了主动免疫的证据。如果近期内被新冠病毒感染，一般在 7—10 天之后，人体会产生针对新冠病毒的特异性抗体（包括 IgM、IgG）。最先出现的是 IgM 抗体，但是很快消失，随后会出现 IgG 抗体，这种抗体能持续较长时间。所以，使用免疫学检测方法能够检测到这些特异性抗体，判断人体是否感染过病毒。

IgM 抗体阳性，说明患者处于感染早期。IgG 抗体阳性，说明

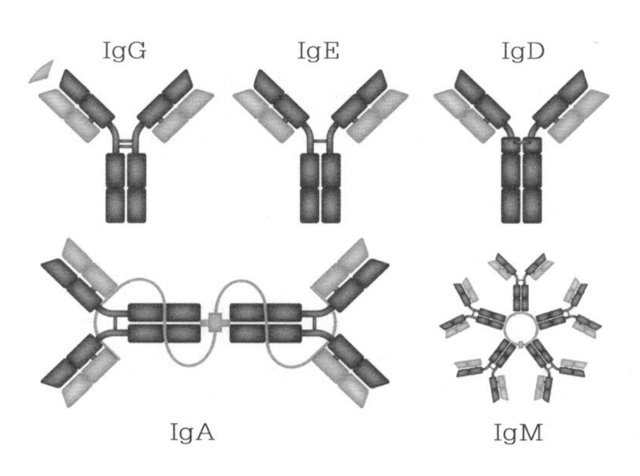

图 4-9　各类型抗体

感染过新冠病毒，但不能确定是否具有传染性。比如，COVID-19 的康复者，一般检测结果是 IgG 抗体阳性，如果核酸检测呈阴性，间隔 24 小时再测核酸仍是阴性，就提示不具有传染性。如果 IgM 和 IgG 出现双阳性，表示人体免疫系统仍在与病毒搏斗。抗体检测是对核酸检测的有效补充，而且操作方便、时间短，在大规模人群筛查中发挥着重要作用。

疫苗原来是这样的

预防的学问

2019年初，全球多个国家发生了麻疹疫情，包括美国、日本、韩国、法国、加拿大……令人颇为诧异的是，疫情不只发生在一些医疗基础设施差、卫生意识薄弱的贫困地区，就连美国、日本等发达国家也纷纷中招。这又是为什么？

原来，世界卫生组织数据显示，近年来第一剂麻疹疫苗的全球覆盖率一直停滞在 85%，与预防疫情所需的 95% 覆盖率相距甚远，所以说，疫苗覆盖率不足，是造成麻疹疫情在全世界蔓延的最主要原因。

预防疾病，疫苗是关键！

疫苗是指由病原微生物或其组分、代谢产物经过特殊处理所制成的、用于人工主动免疫的生物制品，通过刺激产生抗体而对一种疾病形成免疫力。在特异性免疫中，病原体感染激活了B细胞和T细胞，杀伤敌人同时获得记忆，再遇到记忆中的敌人，免疫系统就直接反击了。

免疫接种，也称为预防接种、疫苗接种，人在没有得病时接种疫苗产生特定抗体，从而获取特定防御力的免疫功能。也就是说，通过人工方法将免疫原或免疫效应物质输入体内，在不引起疾病的情况下引发免疫记忆。传染性疾病仍是导致死亡的主要原因之一，疫苗接种可认为是人类对自身免疫系统最有效的防御升级。

由于疫苗对维护健康有重要作用，我国实行有计划的预防接种制度，主要分为第一类疫苗和第二类疫苗。第一类疫苗，是指政府免费向公民提供的、公民应当依照政府规定接种的疫苗；第二类疫苗，是指由公民自费并且自愿接种的其他疫苗。

目前，我国适龄儿童可免费接种的第一类疫苗有11种，包括卡介苗、脊髓灰质炎疫苗、乙肝疫苗、百白破疫苗、白破疫苗、麻风疫苗、麻腮风疫苗、A群流脑疫苗、A群C群流脑疫苗、乙脑疫苗、甲肝疫苗。这些疫苗可预防的传染病有12种，包括结核病、乙型病毒性肝炎、脊髓灰质炎、百日咳、白喉、破伤风、麻疹、风疹、流行性腮腺炎、流行性脑脊髓膜炎、流行性乙型脑炎、甲型病毒性肝炎。

第二类疫苗分为两种情况，一种是含第一类疫苗成分的第二类疫苗，例如进口乙肝疫苗、乙脑灭活疫苗、五联疫苗、甲乙肝疫苗、AC 流脑结合疫苗等；另一种是其他二类疫苗，比如狂犬病疫苗，水痘疫苗，流感疫苗，13 价和 23 价肺炎疫苗，EV71 型灭活疫苗，轮状病毒疫苗，B 型嗜血流感杆菌疫苗，二价、四价和九价 HPV 疫苗，伤寒疫苗，霍乱疫苗等。

根据疫苗自身特性，接种方式也不一样。常用接种方法有皮上划痕（目前较少使用）、注射、口服与气雾等，其中，注射最为常见。

注射包括皮下注射、皮内注射、肌内注射。一般灭活疫苗采用皮下注射法，如麻疹疫苗、流脑疫苗、乙脑疫苗等，活疫苗则可用皮内注射，如卡介苗、乙肝疫苗、百白破三联疫苗采用肌内注射。

口服也是常见接种方法，如脊髓灰质炎活疫苗，就是采用糖丸方式进行口服。

喷雾吸入接种方法主要用于呼吸道感染疾病预防，如流感活

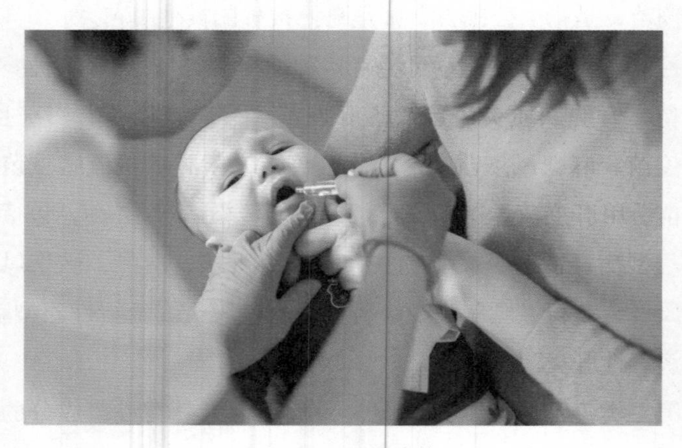

图 4–10　口服疫苗

疫苗，有鼻腔吸入、雾化吸入方式。

你知道的疫苗有哪几种?

在人类和传染性疾病斗争的历史中，曾经诞生了很多种类型的疫苗，大致可以分为传统疫苗和新型疫苗。

传统疫苗 灭活疫苗：通过物理、化学方法杀死病原微生物，但仍保持免疫原性的一种生物制剂，如伤寒、霍乱、流行性脑膜炎等灭活疫苗。这类疫苗中，所含免疫原成分是“死”的。减毒疫苗：以毒力变异或人工选择法获得的减毒或无毒的微生物菌/毒株，或者从自然界直接筛选出的弱毒或无毒株经培养后所制成的疫苗，如鼠疫、炭疽等减毒活疫苗。这类疫苗中，所含免疫原成分是“活”的。类毒素疫苗：主要针对细菌抗原的疫苗，许多细菌分泌毒素是导致患病的原因，所以，这是将某种疾病致病菌产生的毒素经解毒、加工而制成的疫苗。亚单位疫苗：一些毒素或微生物，只需病原体部分结构成分即可引发免疫反应，如乙肝疫苗仅含有乙肝病毒的表面抗原成分。

新型疫苗 基因工程亚单位疫苗：利用基因工程技术，将病原体中编码抗原的基因，导入细菌、酵母或哺乳动物细胞中，使抗原高效表达制成疫苗。合成肽疫苗：根据病原微生物中抗原的氨基酸序列，人工合成免疫原性多肽，连接到载体蛋白后制成疫苗。基因缺失疫苗：通过基因工程方法“删除”病原体毒力相关基因，而仍保持复制能力及免疫原性的毒株制成疫苗。

灭活疫苗与减毒疫苗

疫苗种类非常多，不过，人们最常接触到的主要是灭活疫苗和减毒疫苗，以脊髓灰质炎疫苗和卡介苗为例，具体认识一下这两种疫苗概念。

脊髓灰质炎疫苗 美国总统富兰克林·罗斯福是一名脊髓灰质炎受害者，他在1921年染上了脊髓灰质炎，最终造成下肢瘫痪。他于1938年在美国建立小儿麻痹症基金会，用于救治脊髓灰质炎患者，并促进疫苗开发研制。

图 4–11 富兰克林·罗斯福雕像

第一个成功的脊髓灰质炎疫苗于1953年问世，是一种把脊髓灰质炎病毒杀死后制备成注射制剂的灭活疫苗，对儿童保护有效率为80%—90%，随后很长一段时间，这种疫苗成为预防脊髓灰质炎的标准疫苗。直到具有生物活性的脊灰病毒弱毒株被筛选出来而制成的口服减毒脊髓灰质炎疫苗（OPV）的出现。

自脊髓灰质炎疫苗发明以来，这种疾病得到有效的控制，全球小儿麻痹症发病率逐年下降。在中国预防脊髓灰质炎疾病开始不久后的20世纪60年代，全国推广口服OPV使得脊髓灰质炎几乎绝迹，2000年，我国被世界卫生组织确认为无脊髓灰质炎的国家。

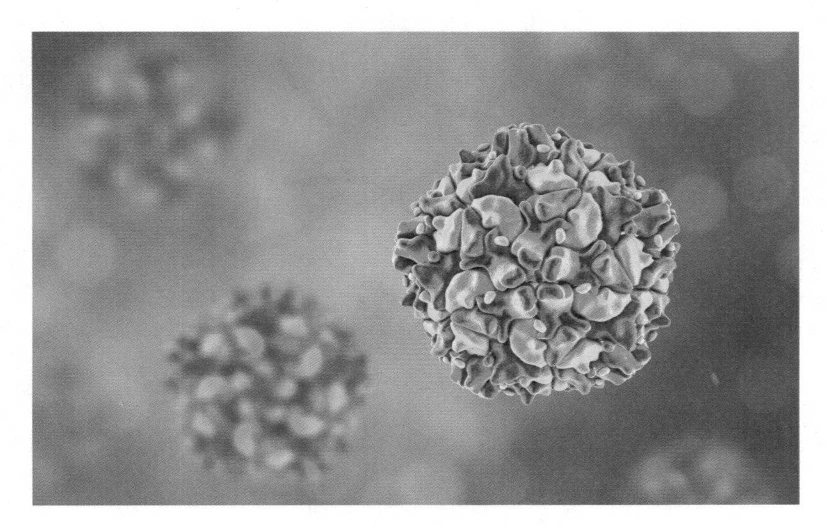

图 4-12 脊髓灰质炎病毒模拟图

卡介苗 结核病又被称为“白色瘟疫”，在新石器时代人类化石和古埃及木乃伊上都曾发现结核的踪影，长期以来被人类视为绝症，直至今天我们仍没有消灭它。2016 年，全球有 1040 万人新发结核病，有 170 万人死于结核病。

卡介苗可算得上是最著名的减毒疫苗之一，它的发明人是两位法国科学家——卡尔梅特和介兰，他们研制结核菌疫苗的思路是：接种结核菌活菌体，诱发对结核菌免疫效应，而且不对人体致病。

从 1908 年开始，他们把分离到的一株毒力很强的牛结核菌进行接种培养，再从新培养的结核菌中挑选毒力减弱的菌株继续培养。13 年后，经过 230 多代的菌株接种培养，结核菌株毒力减弱到疫苗制备水平，他们终于驯服了牛结核菌，成功获得能够预

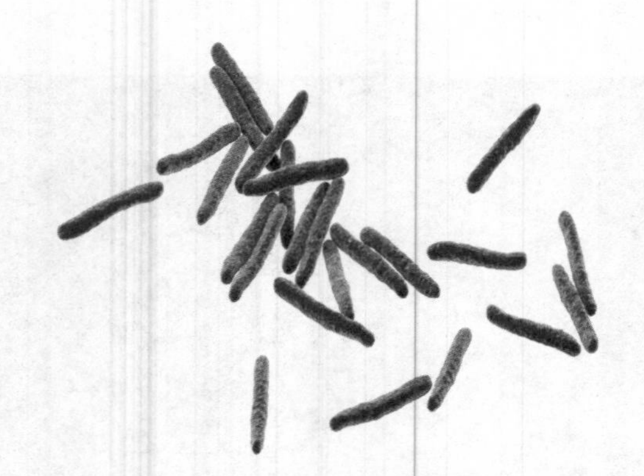

图 4-13 结核分枝杆菌

防结核病的人工疫苗！

卡介苗最初的接种方式是口服，20 世纪 20 年代末改为皮内注射，对新生儿抵御粟粒性肺结核和结核性脑膜炎具有很好效果。今天，卡介苗在全世界广泛用于儿童预防结核的免疫接种，全球已有 40 多亿人接种过卡介苗。

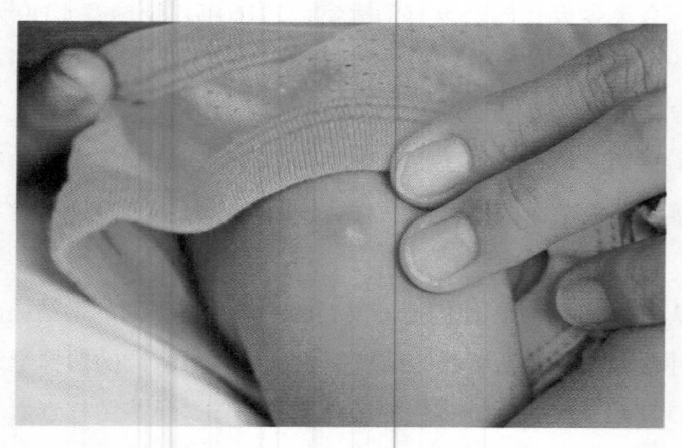

图 4-14 接种卡介苗后会留下疤痕

“问题疫苗”

2018年，“问题疫苗”成为新闻热词，一长串企业疫苗问题接连被媒体曝光，让公众尤其是儿童家长产生了恐慌心理，出现了“问题疫苗”，还敢不敢打疫苗?

首先要明确的是，疫苗是人类对抗传染性疾病最有利的预防武器，人群疫苗接种率在达到足够水平后，才能够形成广泛的、有力的疾病防御体系。目前，全球每年免疫接种可以预防200万例至300万例的死亡，是最成功和最具效益的公共卫生干预措施之一。接种疫苗是保护健康的最好选择，我们应该坚持接种疫苗。

其次，世界上包括中国在内的许多国家出现过疫苗问题不良事件，比如疫苗质量问题、冷链运输、副作用，等等，但不应对疫苗在传染性疾病预防控制中的重要性和必要性产生怀疑，应正确辨别疫苗本身与疫苗生产、销售等环节的疫苗问题。这些不良疫苗问题事件，是对公共卫生体系的警醒，更是疫苗医药管理的深刻经验教训，从另一个角度为健全国家制度法规和保障人民健康提出了亟待解决的问题。

毒蛇血解蛇毒，你信吗？

被毒蛇咬了怎么办？

在电影《战狼 2》中，恐怖的“拉曼拉病毒”肆虐非洲，一个小女孩虽感染病毒却未危及生命。前往孤身险境救援的战士不幸染上病毒，生命垂危之际，小女孩的血液救了他一命。这个科学原理就是抗病毒血清，小女孩血液中含有该病毒的抗体。那么，关于病毒抗体，以蛇为例，抗蛇毒血清究竟有怎样的疗效？

据《国家地理》杂志统计，人类已知的蛇类共 2500 余种，可分为无毒蛇和有毒蛇。无毒蛇大约有 1500 余种，广泛分布于世界各地，拥有最大的蛇类群体。在它们体内没有毒腺，大多数也不

图 4-15　毒蛇

产生任何毒素，牙齿锋利但不含毒，不过也不可轻视它们！无毒蛇杀死猎物的方式主要有两种：缠绕猎物使其窒息死亡，或将猎物制服吞吃死亡。

毒蛇是指能分泌特殊毒液的蛇类，头部多为三角形，体内有毒腺分泌毒液。毒蛇攻击对手的方式就是那“致命一咬”，毒液从毒牙输出，被咬的人或动物因此中毒。在已知超过600种有毒的动物中，有四分之一是蛇类。

世界卫生组织统计，全球每年发生约540万起蛇咬伤事件，有180万至270万人因毒蛇咬伤中毒，死亡人数达到数万甚至十几万。这些事件大多发生在亚洲、非洲和拉丁美洲，在亚洲每年有200万人被毒蛇咬伤，在非洲每年有约50万人被毒蛇咬伤。

毒腺、毒牙、蛇毒之间究竟有什么关系呢？

毒蛇的牙齿并没有毒，它们是蛇的前颌骨和上颌骨上少数的几枚特化“巨齿”，真正令人害怕的是毒腺中的毒液。毒牙经排毒导管与毒腺相连，当毒蛇咬到猎物时，肌肉开始挤压毒腺，毒液输入排毒导管，经毒牙沟、管部位排出，注入被咬动物体内，迅速产生毒杀效应。

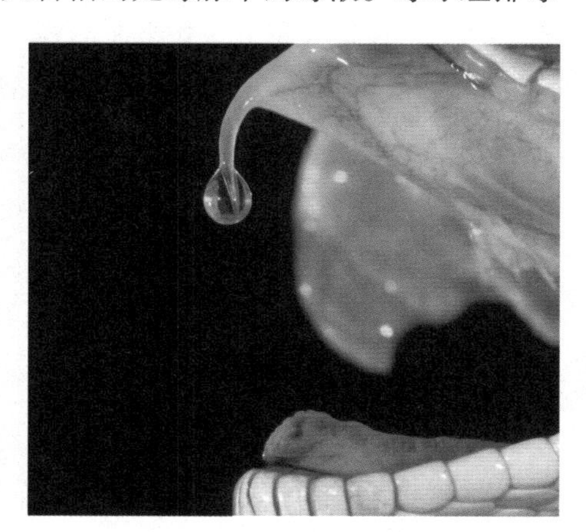

图4-16　草原响尾蛇的毒牙和毒液

蛇毒液一旦进入人体，可引起局部症状，如伤口出血、周围组织红肿坏死，进而引发肢端坏死，危及生命时可能需要截肢，还会引起全身性中毒症状，出现心、脑、肾、肺、血液多组织脏器损害，甚至死亡。

蛇毒是毒蛇从毒腺中分泌出的一种液体，主要成分是毒性蛋白质，含有约 20 多种酶类和毒素，比如神经毒素、心脏毒素和出血毒素。此外，含有一些小分子肽、氨基酸、碳水化合物、脂类、核苷、生物胺类及金属离子等。

真正麻烦的是，蛇毒的成分十分复杂，各类蛇毒的毒性、药理和毒理特点各异，没有一种药可以治疗所有蛇毒。

解蛇毒的秘方

如此说来，蛇毒还是有药可医的，其解毒药就是抗蛇毒血清，越早使用效果越好。我国目前有抗眼镜蛇毒血清、抗蝮蛇毒血清、抗银环蛇毒血清及抗五步蛇毒血清等。

一旦被毒蛇咬伤，抗蛇毒血清就是救命的药。美国在未研制出抗蛇毒血清前，人被毒蛇咬伤后的病死率为 2.9%，有抗蛇毒血清后，病死率降至 0.2%。我国 1971 年以后有了抗蛇毒血清，据江苏省无锡市崇武区人民卫生院统计，1959—1971 年间，该院收治蝮蛇咬伤患者 1803 例，病死率为 4%；1972 年后使用抗蝮蛇血清治疗，到 1973 年间收治的 160 例蝮蛇咬伤患者中，仅死亡 1 例，病死率为 0.6%。由此可见，抗蛇毒血清的疗效明显。

抗蛇毒血清为什么能够解蛇毒？血清中有什么特殊成分？

血清是指血液中既不含血细胞（红细胞和白细胞）也不含凝

血因子的成分，也是除去纤维蛋白原的血浆。血清成分很复杂，包括抗体、生长因子、激素、类脂、代谢物、无机盐等。

免疫系统接触外来免疫原如病原体、蛇毒，会识别这些抗原物质，产生特异性抗体“中和”抗原，消除它们对机体的损害。蛇毒刺激动物免疫系统会产生抗体，抗蛇毒血清具有中和各种蛇毒抗原的综合免疫治疗效果。

“独家”配方

抗蛇毒血清从哪里获取？答案是：马。

制备抗蛇毒血清的方法：先取毒蛇毒液，再给马注射非致死剂量的蛇毒，等一段时间后，马对蛇毒产生了免疫力，从马血中提取抗蛇毒血清。

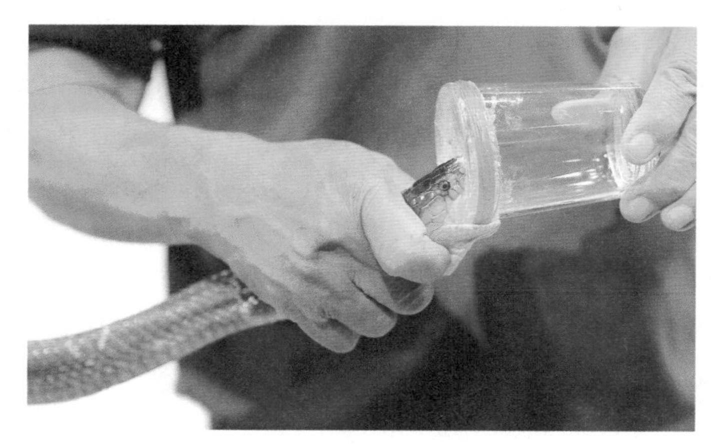

图 4-17　取毒蛇毒液

我国浙江分布较广的毒蛇是蝮蛇和五步蛇，每年因毒蛇致死致残的人较多。所以，中国上海生物制品研究所首先研发了抗蝮蛇毒血清和抗五步蛇毒血清。研制成功之后，抗眼镜蛇毒血清等其他抗蛇毒血清也相继在国内制备成功并进入临床。

大家可能会有疑惑，为什么要从马血中提取抗蛇毒血清？蛇毒不会毒死马吗？其他动物行不行？

首先，制备抗蛇毒血清需要给马注射少量稀释毒液。请注意：如果注射蛇毒量过大，马也会被毒死。如果改用牛等体型更大的动物，蛇毒用量和动物体重相比较又太少，不足以诱发牛等更大型动物产生足够的抗体。

其次，制备抗蛇毒血清要抽取马的血液，提取血液中的抗蛇毒血清。动物血液和人的血液是有区别的，必须进行严格的医用处理才能供人使用，如果改用一些体型较小的动物，提取动物血量有限，不利于抗蛇毒血清的药用制备。

考虑到毒蛇地理分布和毒素成分的不同，抗蛇毒血清生产是在不同地区针对不同毒蛇种类进行的。各地研究蛇毒机构会人工繁殖当地蛇种，经上万次少量收集每一种蛇毒，分别注射给马或者羊等动物，然后进行多次抽血提取抗蛇毒血清。

然而，这种抗蛇毒血清的生产方法存在局限性，每一种抗蛇毒血清只能有效对付一种或一类蛇毒。医药生产公司缺乏产品需求驱动，2010 年，法国赛诺菲公司宣布停止生产抗蛇毒血清 Fav-Afrique，这是一种针对非洲毒性最强的几种毒蛇咬伤的解药。在过去 20 年，抗蛇毒血清需求量小，一些生产商停止了生产，使某些抗蛇毒血清制品价格急涨，大多数有需求者无力负担。

2015年，国际医疗救援组织“无国界医生”声称，全球正面临抗蛇毒血清短缺的公共卫生危机。2017年，世界卫生组织正式将蛇咬伤列为最优先考虑的热带病。科学家正尝试研究用合成生物学等方法生产抗蛇毒新产品。

微生物组，派头了不得

肠道里竟然还有另一个“你”

你知道你身体里还住着另一个“你”吗？这个“你”近年来已经成为微生物学、医学、基因学等领域最引人关注的“叱咤红人”。

你可能不知道，人体内有两套基因组，一套是来自父母的人类基因组，编码大约2.5万个基因；还有一套来自与人体共生的各种微生物，它们与人体长期协同进化，成为人体不可分割的一部分，微生物群遗传信息的总和叫“微生物组”，也可称为“宏/元基因组”，编码基因有100万个以上。两套基因组相互协调，维持人体的健康。

人体微生物主要分布在与外界相通的腔道内，如呼吸道、消化道、泌尿生殖道和体表，构成了四个微生态系统。人类肠道是一个营养丰富的微环境，肠道微生物是寄居在人体肠道内微生物群落的总称，种类繁多、数目巨大，占机体微生物总量的78%。据估算，肠道微生物的数量是人类细胞数量的10倍，编码基因数目是人体自身基因数目的100倍。

之所以把肠道微生物称作另一个“你”，是因为它们的“喜怒哀乐”对你的身体有着深刻的影响，也体验着你的“酸甜苦辣”。虽说单个细菌基因数远比不上复杂的人类基因组，但它们数量庞大，与人体的交互关系十分复杂，而且它们与我们的身体健康息息相关。

2019年，哈佛大学研究人员召集了15名参加马拉松赛的运动员，在马拉松比赛之前和之后的一周时间里，对运动员肠道样本进行采集并测序。结果发现，运动员在运动前后其肠道中有一种微生物的含量差异巨大。科学家把这种微生物命名为“Veillonella atypica”，并将其接种到小鼠肠道中，试验结果让他们感到吃惊：这些小鼠的运动能力显著增加，在特制的跑步机上奔跑时间明显延长！原来，这种肠道细菌可以将运动诱导的乳酸代谢转化为丙酸盐，改善机体运动时间，从而提升运动表现。

同年，中国科学院研究团队发现，用人参提取物喂养小鼠几周后，尽管饮食量和运动量与普通小鼠对比没有差异，但实验小鼠体重却明显减少。果然，人参提取物使小鼠肠道中的粪肠球菌增多，粪肠球菌的代谢产物又激活了棕色脂肪，使小鼠的能量消耗显著增加，这可为新型减肥药物的研发开了脑洞。

另一个“你”在肠道里干什么？

根据人体肠道微生物对身体的影响，我们可以将其分为三大类：共生菌、条件致病菌和致病菌。

共生菌群 这些细菌势力最为庞大，占到肠道微生物 99% 以上，与人形成良好的合作关系，主要类型有拟杆菌、梭菌、双歧杆菌、乳酸杆菌。

这些共生菌形成的正常菌群，能够维持肠道微环境，具有多种生理功能。它们能够促进肠道黏膜血管生成，保护肠道黏膜；刺激机体免疫系统发育；促进食物消化吸收，合成对人体有益的维生素。如果正常菌群结构如种类、数量、位置等发生改变，可能会打破微环境平衡，引起人体疾病。

条件致病菌群 这些家伙数量不多，但属于肠道里的不稳定因素。肠道状态健康时，共生菌群占压倒性优势，条件致病菌群

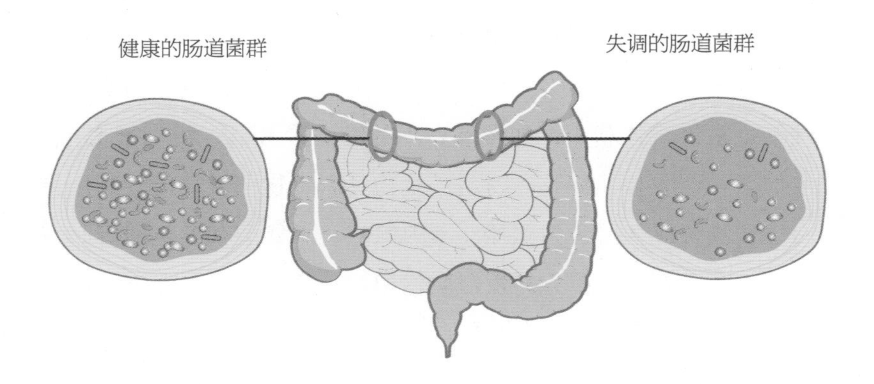

图 4-18 健康和失调的肠道菌群

就很安分；共生菌群被破坏，条件致病菌群就乘虚而入，引发多种肠道疾病，主要有肠球菌、肠杆菌等。

致病菌群 如沙门氏菌、致病大肠杆菌等。它们本不属于肠道微生物，一旦通过不洁饮食等方式进入肠道，就会兴风作浪，导致人体腹泻、食物中毒。

肠道微生物对人体生理活动有哪些影响？

生物屏障 肠道内壁是人体与外界接触面积的最大区域，肠道微生物在肠道中形成一道重要生物屏障，抵御着有害菌的侵袭。肠道微生物的生物屏障保护主要通过占位性保护、营养竞争和产生抗菌物质发挥作用。肠道微生物能与肠黏膜上皮细胞紧密结合形成膜菌群，阻碍致病菌与肠黏膜接触，起到占位性保护作用；肠道微生物与宿主进行能量和营养竞争，防止不必要的营养物质过度产生；肠道微生物可产生抑菌物质来抑制有害菌生长；肠道微生物不断刺激胃肠黏膜分泌黏液素，保持肠道润滑功能。

营养消化 肠道微生物分泌一系列酶协助消化，比如消化植物纤维素和半纤维素类多糖。肠道微生物能产生短链脂肪酸和多种维生素供机体利用，如发酵产生的维生素 B 族、维生素 K 族、生物素、烟酸和叶酸等。肠道微生物具有生物固氮功能，利用蛋白质残渣合成如天冬门氨酸、苯丙氨酸、缬氨酸和苏氨酸等必需的氨基酸，并参与糖类和蛋白质代谢。肠道微生物可促进亚油酸吸收、胆固醇向类固醇转化等。

免疫作用 肠道微生物对人体免疫系统发育起到关键作用，刺激肠道形成更多淋巴组织，提高免疫球蛋白在血浆和黏膜中的水平，维持免疫系统的适度活跃状态，对入侵病原保持有效免疫机制。肠道黏膜淋巴组织是人类重要免疫细胞群，所含免疫活性细胞数量占人体免疫细胞总数的 70% 左右。例如，实验用的无菌动物一般淋巴系统发育不良，体液免疫和细胞免疫功能低于普通动物，如将正常动物肠道微生物移植给无菌动物，后者免疫系统发育会明显好转。

发育衰老 肠道微生物的组成随着人年龄的增长发生变化。健康婴儿的肠道微生物中，双歧杆菌占比 98%；在健康成年人肠道中，双歧杆菌数量减少；进入老年后，双歧杆菌数量进一步减少甚至检测不到，梭菌、芽孢杆菌类增多，生成硫化氢和吲哚，肠道老化过程加快。

其他功能 肠道微生物可能与神经系统关联。科学研究将“焦虑”小鼠肠道微生物移植到“不焦虑”小鼠体内，发现“不焦虑”小鼠也表现出“焦虑”行为。研究还发现，高脂肪饮食影响小鼠生物钟节律，“控制”小鼠抵抗肥胖，原因可能是宿主与肠道菌群之间某种双向调节作用。也有研究发现，肠道微生物通过细胞因子刺激大脑调控区域，间接控制着我们的食欲。

如何与另一个“你”和睦相处？

近年来，科学家提出新观点，肥胖症、糖尿病这些人群高发疾病与肠道微生物失调密不可分。我们应当如何细心呵护体内的另一个“突然的自我”？

平衡膳食 多吃蔬菜、杂粮等富含纤维素的食物，既喂饱了肠道微生物，也为身体提供维生素和微量元素；长期摄入大鱼大肉、高热高脂的食物，既不利于肠道微生物生长，也增加了身体“三高”疾病的风险。

保持规律作息和饮食 人体有生物钟，最新研究表明，长期与人类共生的肠道菌群也形成了生物钟，而且与人类生物钟协调一致，甚至能反作用于人类生物钟。如果作息不规律，动辄熬夜通宵，饮食不规律，饥一顿饱一顿，长期下来，就会导致肠道微生物失调，从而引发多种疾病。

不要滥用抗生素 长期服用、滥用抗生素，特别是广谱抗生素，会将共生菌和致病菌同时杀掉，破坏肠道微生物平衡，对人

图 4-19 生物钟

体健康造成不利影响。抗生素可能增加肠道内病原菌的感染机会，5%—25% 的人在服用抗生素后都出现腹泻及炎症，因此，抗生素成为临床合理用药考量。

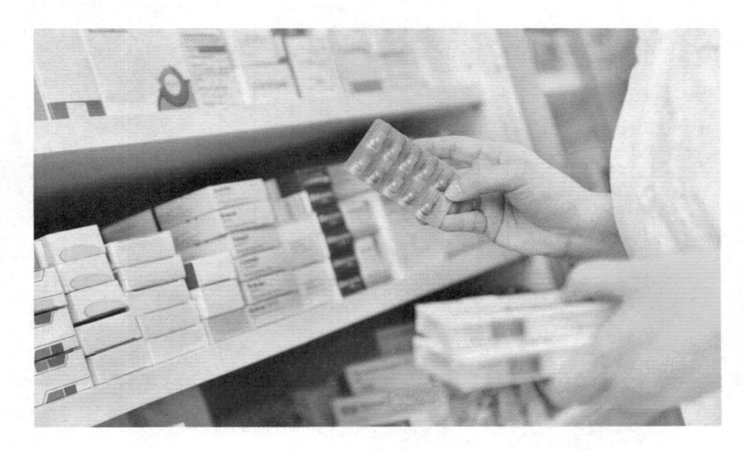

图 4–20 抗生素

第5章

过敏

“我不是这样的”过敏

过敏还是敏感？

你知道 7 月 8 日是什么日子吗？是世界过敏性疾病日！

大家要知道，所谓过敏，是指一些人接触特定物质（比如花粉、乳胶、食物、药物等）后出现的症状，通常会导致眼痒、流涕、皮肤瘙痒、皮疹和打喷嚏等，严重的会导致水肿、呼吸困难甚至死亡。敏感是一种状态，不由特定物质引起，比如有些人的皮肤比较脆弱，容易受到各种刺激，如风吹、阳光或者环境等影响，出现痒、痛或者红疹，一般没有全身性症状。

图 5-1　过敏会导致眼痒、流涕等

过敏到底是一种什么样的疾病？

通常，过敏属于超敏反应，又称变态反应，是指机体免疫系统功能“超级敏感”，产生了异常的、过高的免疫应答。如果免疫系统识别了有害物质会做出应答反应，有时候，免疫系统对无害物质也进行攻击，产生致敏淋巴细胞或特异性抗体；当免疫系统再次接触这种物质，会引起机体生理功能紊乱和组织细胞损伤，于是就产生了变态反应。

变态反应分为四种，平常所说的“过敏”大都是指Ⅰ型或Ⅳ型超敏反应。

Ⅰ型超敏反应　属于速发型超敏反应。当再次进入机体的异物受到免疫系统的攻击时，某些生物活性物质如组胺、5-羟色胺、慢反应物质-A等释放，引起平滑肌收缩、毛细血管扩张、通透性增加和腺体分泌增多等生理反应。根据这些活性物质作用目标细胞和器官的不同，可分为呼吸道过敏反应、消化道过敏反应、皮肤过敏反应或全身性过敏反应。Ⅰ型超敏反应特点是迅速产生、消退也快，有明显的个体差异，一般不会造成严重组织损伤。

Ⅱ型超敏反应　又称细胞溶解型超敏反应或细胞毒型超敏反应。机体内免疫物质与细胞表面相应抗原结合后，在多免疫细胞参与作用下，导致细胞溶解和组织损伤。例如，因血型不合引起的输血反应、新生儿溶血反应和药物性溶血性贫血都属于Ⅱ型超敏反应，甲亢就是一种特殊的Ⅱ型超敏反应。

Ⅲ型超敏反应　又称免疫复合物型超敏反应或血管炎型超敏反应。异物和体内免疫物质形成中等大小复合物，不易被肾脏过滤排出体外，也易被吞噬细胞所吞噬，沉积到局部器官或血管引起系列变化。常见的Ⅲ型超敏反应疾病有链球菌感染后的肾小球肾炎、哮喘等。

Ⅳ型超敏反应 又称迟发型超敏反应。一般在接触抗原24小时后出现反应，常见类型为如染料等化学物品与皮肤蛋白结合或改变组成，使其成为抗原，导致免疫细胞敏感；免疫细胞再次接触该抗原后，杀伤自身正常细胞组织，导致接触性皮炎。另一类型称为传染性变态反应，常见于结核病等；此外，器官移植排斥反应、某些自身免疫病等也属于Ⅳ型超敏反应。

小结一下，以皮肤过敏和敏感性皮肤这两个不同概念为例，皮肤过敏是由过敏原进入机体后，引发的免疫应答反应。皮肤敏感是对刺激耐受性低，出现异常感觉反应，虽然不清楚其发生机制，但它与免疫/过敏机制关联不大。

过敏原是什么？

过敏反应是因接触过敏原产生的免疫反应，在日常生活中，容易引发过敏反应的过敏原主要有三类：食物过敏原、空气过敏原、药物过敏原。

食物过敏原 牛奶及乳制品是最常见的食物过敏原，牛奶中的主要过敏原为酪蛋白、牛血清白蛋白和牛免疫球蛋白，其中，酪蛋白的免疫原性与抗原性最强。小于2岁儿童的牛奶过敏率为1.6%—2.8%，其中50%—90%的儿童6岁后不再对牛奶过敏。

鸡蛋和鸡蛋制品也是最常见的儿童食物过敏原之一，儿童对其过敏阳性率达35%，成人的过敏阳性率也达12%。卵类黏蛋白

图 5-2　食物过敏原

是主要过敏原，相对而言，蛋白比蛋黄更易引起过敏。

甲壳类也属于“不安分”食物，现在海产品越来越受到消费者青睐，人们对这类食物的过敏反应也逐渐增多。虾过敏原备受关注，有0.6%—2.8%的过敏性疾病患者对虾过敏。此外，对花生、榛子、胡桃、杏仁、腰果等坚果过敏的人也很常见。

空气过敏原　灰尘过敏是对生活在灰尘中微生物的过敏反应，也是最常见的一种过敏，灰尘过敏原包括棉、皮毛以及各种纤维、动物皮毛等。

尘螨是最重要的室内过敏原，直径只有0.2毫米，大多数人肉眼几乎看不见它们。这种微小的生物生活在家中温暖、潮湿、多尘的地方，以死亡皮肤细胞为食，它们的排泄物是引起人过敏的主要原因。这种过敏的典型症状包括鼻塞、咳嗽等，在深夜和清晨表现尤其明显，因为人在夜间会接触寝具中的尘螨。

花粉的直径一般在30—50微米，在空气中飘散时极易进入人的呼吸道。自然界中，根据传播花粉方式不同，植物可分为风媒花和虫媒花。虫媒花很少经风传播，空气中飘散的花粉数量不多；风媒花花粉产量大、体积小、质量轻，容易借风力传播，因此，风媒花是造成花粉过敏症的主要过敏原，花粉过敏症的表现有花粉性鼻炎、花粉性哮喘、花粉性结膜炎等。

花粉过敏症具有季节性和地区性特点。引起过敏的花粉种类随季节变化，春季主要由种子树木，如法国梧桐、杨柳、榆、松、臭椿等的花粉引起；夏季以园草和野草，如狗尾草、猫尾草、羊蹄酸模等植物的花粉为主；秋季主要由是野草，如豚草的花粉引起。每个地区独特的地理位置、气候环境、植物区系等构成了独特的“花花草草”过敏症。

图 5-3　花粉过敏

药物过敏原 以青霉素过敏为代表的各种过敏反应主要是I型超敏反应，青霉素是一种半抗原，进入人体后与组织蛋白质结合成全抗原，可诱发免疫系统过敏反应，使机体呈过敏状态。人群中有1%—10%的人对青霉素过敏，主要表现为过敏性休克和皮疹，多在注射后数秒或数分钟内发生，少数患者在连续用药时会发生休克，若不及时抢救，则可能导致死亡。

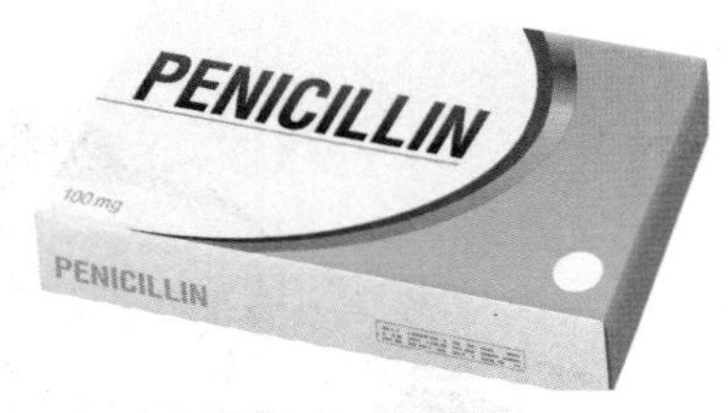

图5-4 **青霉素**

磺胺类药物是一类人工合成的抗菌药物，约3%的人使用磺胺类药物会出现不良反应，引发不良反应的概率较高，也是目前临床不再常用磺胺类药物的一个原因。磺胺类药物致敏的主要原因之一是N1杂环会引发I型超敏反应，二是N4氨基氮原子产生毒性产物或诱发免疫反应，因为上述两个结构只在有抗菌活性的磺胺类分子中存在。

水杨酸类药物是目前最常用的解热镇痛药物，少数使用者会发生过敏反应，出现荨麻疹、血管神经性水肿、过敏性休克等疾病。一些哮喘患者服用乙酰水杨酸（阿司匹林）或其他解热镇痛药也会诱发哮喘，称为“阿司匹林哮喘”，不是以抗原抗体反应为基础的过敏反应，而是与抑制前列腺素生物合成有关。

喝酒脸红的人酒量好？

所谓“喝酒脸红的人酒量好”，你不会信以为真了吧？

酒精过敏常见症状主要包括：脸红，胸背部、肩腿部出现红色斑块，伴发痒、头痛、流涕、低血压等症状，其中，脸红是酒精过敏最常见的症状。有些人食用含有微量酒精的食物也会发生过敏症状。

图 5–5 喝酒脸红

这种外在皮肤过敏症状反应，其实是人体内缺少乙醛转化酶的具体表现。酒精，学名乙醇，在人体内转化成乙醛以后，如果缺少乙醛转化酶或活性低，不能转化为乙酸排到体外，就会造成身体乙醛中毒，表现出各种酒精过敏症状。

人体乙醇代谢主要分两步进行：第一步，乙醇在乙醇脱氢酶（ADH）催化下转化为乙醛；第二步，乙醛在乙醛脱氢酶（ALDH）催化下转化成为乙酸。乙醛脱氢酶有很多“影子武士”，细胞线粒体上的 ALDH2 效率最高、最能干。

如果 ALDH2 活性下降或者失效，意味着这种酶会失去活性，从遗传上称为 ALDH2*2 基因突变体。喝酒“红脸族”个体由此导致体内乙醛积蓄，常常表现为脸红、心悸、头疼、情绪不满等症状。所以，脸红并不是“能喝”，相反，是一种警告，提醒人避免继续喝酒造成酒精中毒或更大风险。

由此可见，“喝酒脸红”是人类基因赋予身体的一种自我保护机制，这个道理想必会对很多“身不由己”的人很有价值。

细胞也不能太激动

免疫“大爆炸”

免疫系统是人体的安全卫士，免疫应答是人体防卫体系的重要功能。在正常情况下，外来物质进入人体后会面临两种命运：如果外来物质被识别为有用或无害物质，不需免疫系统出手，最终会被机体吸收、利用或自然排出；如果这些物质被识别为有害物质，免疫系统会对此做出反应，“该出手时就出手”，将其驱除或消灭。

有时，免疫应答状态会超出正常范围，对遇到的花粉、药物等无害物质也进行激烈攻击，“不该出手也出手”，这种错误的攻

图 5-6 免疫系统是人体的安全卫士

击会损害正常的身体组织，也就导致了我们所说的过敏。过敏就是免疫系统“变态反应”，过敏体质人群的免疫系统存在易感性，容易做出“不辨敌友、无端攻击”的举动，导致各种过敏症状。

过敏的本质就是免疫系统里的一群细胞都“太激动”了。过敏原是一种抗原，人体第一次暴露过敏原后，浆细胞会产生针对过敏原的 IgE 抗体，结合在肥大细胞等上面，这个过程叫作“致敏”。一旦人体接二连三遭遇相同过敏原，免疫系统就收到 IgE 抗体发来的警报，迅速“召集人马”赶来攻击。这批大部队中最主要的成员是“肥大细胞”和“嗜碱性粒细胞”，正是它们分泌的物质导致了各种过敏症状。正常人血清中的 IgE 含量很低，而过敏体质人群的免疫系统更易产生 IgE。

细胞很“激动”

人体过敏过程中，在我们的身体里面到底发生了哪些“大事件”，各种细胞发生了哪些变化，这些变化是免疫系统的“恶作剧”吗？

以Ⅰ型超敏反应为例，来窥探一下发病进程中“细胞大混战”的两个阶段。

第一个阶段是免疫应答，也就是致敏阶段。过敏原进入体内后，鼻咽、扁桃体、支气管、胃肠黏膜等处的B细胞错误地认为它们“都不是好人”，于是，B细胞被刺激后生成浆细胞，浆细胞产生大量IgE抗体，IgE与肥大细胞和嗜碱粒细胞表面Fc受体结合，使细胞处于致敏状态。真不愧是致敏相关抗体！IgE抗体与Fc受体具有很高的亲和力，少量IgE就能达到致敏效果，并且其致敏作用持久，它们是“一见如故”的亲密战友！

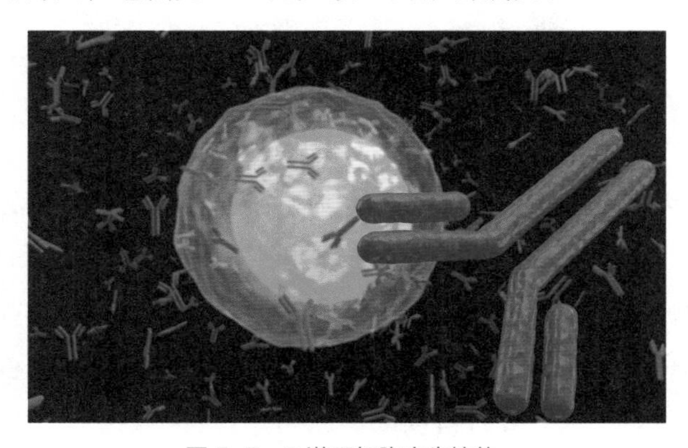

图5-7　B淋巴细胞产生抗体

第二个阶段是效应阶段，也就是发病阶段。为什么我们感觉过敏反应大都是皮肤起红疹、不断打喷嚏？因为肥大细胞和嗜碱粒细胞广泛分布于鼻黏膜、肠胃黏膜及皮肤下层结缔组织中，穿梭于微血管周围和内脏器官的包膜中，细胞里面含有组胺、白三烯、5-羟色胺、激肽等过敏介质。当细胞致敏后，过敏原与细胞表面IgE抗体“久别重逢”，引起肥大细胞和嗜碱性粒细胞脱颗粒，释放出过敏介质。这些过敏介质会使平滑肌收缩、毛细血管扩张、通透性增强，引起黏膜水肿、腺体分泌增加及组织损伤，大家一起“不淡定”，就引发了过敏反应。

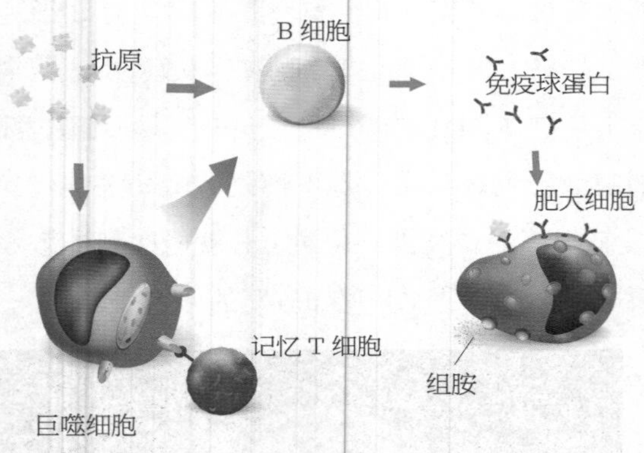

图 5-8　过敏的机制

春天最常见的花粉过敏，其机制是花粉被吸入体内反复刺激，致敏肥大细胞释放出大量的组胺、肝素和白三烯，使毛细血管舒张、通透性增加，还会释放大量的细胞因子，吸引更多的白细胞，这一趟可不白来！这些“小题大做”的肥大细胞使呼吸道黏膜迅速充血阻碍呼吸，导致持续黏膜瘙痒，令人喷嚏流涕；如果咽鼓管因此阻塞就会使中耳积水；如果花粉进入下呼吸道，会使支气管过度收缩，诱发持续气喘甚至哮喘。

“不平衡”的危机

别以为只有 B 细胞要对过敏负责，T 细胞的责任也跑不了。过敏原进入人体后会激活 T 细胞，T 细胞分化为 TH2 细胞，这种特定的T细胞是造成过敏的“大人物”。

辅助T细胞又称为助手型T细胞，它们有很多种类，主要可分为TH1、TH2 、TH17 及THαβ 四种，与过敏有关的主要是TH1和TH2细胞。

辅助T细胞有什么本领？它们分泌的细胞因子对其他细胞施加影响。比如，TH1细胞分泌的细胞因子激活巨噬细胞，吞噬并消化掉细胞内细菌及原虫。TH2细胞分泌的细胞因子激活嗜酸粒细胞，攻击细胞外寄生虫。此外，这两种细胞因子的影响作用可相互抵消，以保证总体效应在受控范围内；当两种细胞影响作用不平衡的时候，就会产生过敏性疾病。

TH1细胞对应的是Ⅳ型超敏反应，TH1表现过度活跃，会导致自体免疫疾病，比如麻风病、结核菌素过度反应或1型糖尿病等。TH2细胞对应的是I型超敏反应，TH2细胞过分活跃，会导致与肥大细胞及嗜碱粒细胞相关过敏疾病，比如过敏性鼻炎、过敏性气喘以及过敏性皮肤炎等。

如果恢复TH1细胞与TH2细胞平衡，是不是就能治疗过敏疾病呢？这种解决方案听起来简单：假设在Ⅰ型超敏反应里，TH2细胞过度产生而TH1细胞却被削弱，如果在过敏反应发生前，向体内递送更多TH1型细胞因子，如此恢复平衡就能不过敏了。但是事实却是，研究人员曾经尝试这种方法来治疗哮喘，把大量TH1型细胞因子递送到肺部，结果却是治疗无效。

不过，我们也不要放弃对这对“冤家”细胞的研究，说不定有朝一日能成为抗过敏新型药物的“热门”靶点。研究发现，一些TH2细胞确实能够引发过敏反应，并不是所有的TH2细胞都是

“嫌疑人”，那么如何从TH2细胞中分辨出“破坏者”呢？

科学家找到一种方法，能够将卷入过敏纠纷的TH2“坏”细胞与抗感染做斗争的TH2“好”细胞区分开来。通过一种分子探针，将对花粉、花生和其他过敏原产生反应的TH2细胞分离，在过敏反应中有5种蛋白质表现得很异常：2种蛋白质表达水平较低、3种蛋白质表达水平较高，将这类表面蛋白质表达异常的细胞称为TH2A细胞。

相对非过敏者而言，过敏者体内有大量TH2A细胞，这就给医生们提供了新的机遇。目前，通过皮肤点刺试验或者血液检测，可以评估患者是否对特定化合物过敏，但是，对抗过敏疗法缺少好的评估方法，TH2A细胞数量变化或许能够成为评估的科学依据。专家也据此提出了更好的愿景，表示这会“有望提供全新的药物靶点，彻底改变应对过敏性疾病的方式”“如果以这些通道为靶标研制新型药物，或许就能够消灭这些不良细胞”。可能，攻克过敏的希望就在T细胞身上呢！

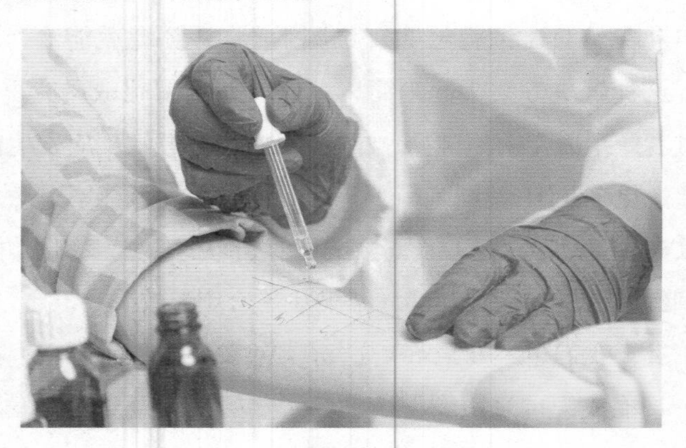

图5-9 皮肤点刺试验

抗过敏，以柔克刚

正面对抗，或许不是理想策略

一般患者的过敏并不致命，可是过敏一旦来袭，打喷嚏、眼睛发痒、皮肤红肿等症状让人非常头疼，怎么办？听说有脱敏治疗，是不是脱敏之后就不会过敏了？

脱敏是一个主动免疫的概念，主动免疫是由机体自身产生抗体，获得身体保护的免疫功能。简言之，不同于被动免疫的抗血清治疗法，主动免疫主动利用抗原刺激机体产生抗体，具有高度抵抗能力，时间很长，且能长久甚至终身保持。

脱敏治疗是一种主动免疫的过程。

脱敏治疗也叫减免治疗，使过敏患者与过敏原“正面对抗”。这一疗法不是让患者直接接触过敏原，而是通过注射或者给药方式使患者与过敏原制剂反复接触。这一方法具有长期疗效，经治疗后的父母，其孩子未来可能出现过敏的概率率比父母未经治疗的要低。遵循循序渐进原则，浓度从低到高，剂量由小到大，提高人体对过敏原耐受性，降低对过敏性物质的敏感程度，来控制或者减轻过敏症状。

常用的两种脱敏方法包括：皮下注射和舌下滴剂。

皮下注射脱敏效果较好，出现不良反应的可能性也略高。治疗后不良反应主要表现是，打针后哮喘发作、全身瘙痒及出现皮

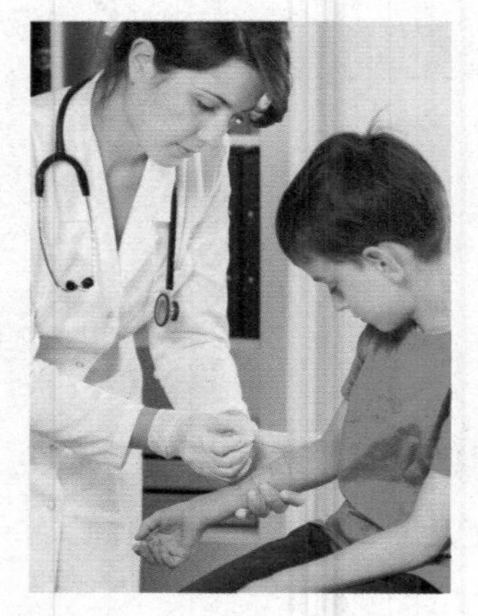
图 5-10 皮下注射脱敏

疹等，极少数患者可能出现过敏性休克，需要及时抢救。类似全身不良反应概率小，几乎都在注射后 30 分钟内发生，所以，打针后需在医院观察。

舌下滴剂脱敏可在家中进行，定期去医院复查，效果相对皮下注射不太明显，有一定概率出现不良反应。

需特别注意的是：脱敏治疗这种方法不是人人适用的。

首先，它的适用范围有限，目前，脱敏治疗仅对吸入性过敏原引起的呼吸道过敏性疾病效果较好，临床上应用较多的是花粉、尘螨制剂，对食物过敏和过敏性皮炎暂时束手无策。

其次，脱敏治疗需要时间成本和经济成本，一般治疗周期为 3—5 年，治疗费用由过敏原种类的多少决定，如果只有一种过敏原，平均每年花费 2000—3000 元。

一般来说，儿童脱敏治疗效果比成人好，控制不良反应难度却较高。从安全性考虑，儿童不宜过早开始脱敏治疗，一些患有高血压、冠心病以及存在严重自身免疫性疾病或恶性肿瘤患者，也不宜进行脱敏治疗。

惹不起，躲得起

在过敏原面前，“认怂”并不丢人；如果可能的话，给过敏原

“让路”是最佳方法。

过敏患者可以在医生帮助下，或者从身体实际情况出发，从症状、病史和体征等方面入手，找到自己的“专属”过敏原。比如，利用一些辅助手段确定过敏原，包括过敏原特异性体内试验和过敏原特异性体外试验，等等。

我们在日常生活中遇到的过敏原大致有：吸入性过敏原（如尘埃、尘螨、真菌、动物皮毛、羽毛、棉花絮、植物花粉、杨柳絮等）、食物性过敏原（如鱼虾、鸡蛋、牛奶、面粉、花生、大豆等）、药物性过敏原（如磺胺类药物、奎宁、抗生素等）、接触类过敏原（如化妆品、汽油、油漆、酒精等）。

找到自己的“专属”过敏原之后，过敏患者尽量避免与诱发过敏物质接触，大致有三种策略：躲、隔、洗。

躲——避免过敏原 生活中要多加注意，如果每次过敏发作都与某种物质和环境相关，很可能这就是需要躲避的过敏原。举个例子，出差到外地有过敏症状在本地却没有，环境区别可能就是过敏原，尽量生活在自己不过敏的生活环境中。如果只有上床睡觉时候出现症状，过敏原可能与床上用品甚至床的材料相关，可以考虑及时更换。

隔——防护用品 注意从“装备”上防护，过敏性鼻炎和过敏性哮喘患者可戴口罩，不仅能阻隔一些病原体，还能够阻隔过敏原，减少进入鼻腔的过敏原数量，从而减轻症状。过敏性皮炎患者可以穿上长袖，减少与过敏原接触，出行的心情也会愉悦。

洗——有讲究 过敏性鼻炎患者可用淡盐水冲洗鼻腔，减少进入鼻腔的过敏原含量，进一步减轻症状。过敏性皮炎患者不要

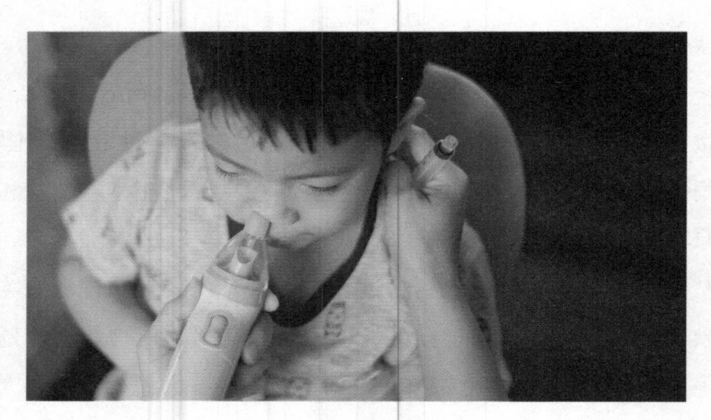

图 5-11 冲洗鼻腔

使用碱性强的肥皂等清洗患处，以免加重皮肤刺激，也不要用热水烫洗或者浸泡，以免使红肿等症状加重。

躲不起，抗得起

人不可能一直生活在“温箱”中，虽然做好了万全准备，但是总有“漏网之鱼”,“漏”掉的过敏原就会让我们不幸中招，这时，抗过敏药物就要出马了。

一旦发生过敏，控制过敏症状，需要对“因”下药。我们常见的打喷嚏、鼻塞、流涕、鼻痒、皮肤瘙痒、风团、红肿等是过敏的表现症状，真正的过敏内因是人体致敏细胞受过敏原刺激后释放过敏介质所引起的系列反应。

抗组胺药 肥大细胞与人的过敏反应息息相关，细胞中有组胺、肝素、5- 羟色胺、激肽和白三烯等过敏介质。过敏反应时，肥大细胞的组胺被释放，与效应细胞结合后会引起各种过敏症状。

抗组胺药能够与组胺竞争效应细胞上的受体，如果组胺不能与细胞受体结合，也就不能引起过敏症状，这类药物对皮肤黏膜过敏反应治疗效果好。

图 5-12 抗组胺药

过敏反应介质阻滞剂 也称肥大细胞稳定剂，能够稳定肥大细胞和嗜碱粒细胞膜，抑制细胞内颗粒释放，进而抑制胞内颗粒中组胺和 5- 羟色胺等过敏介质释放，主要用于治疗过敏性鼻炎、支气管哮喘、溃疡性结肠炎以及过敏性皮炎等。

钙剂 如葡萄糖酸钙，增加毛细血管致密度、降低通透性，从而减少过敏介质渗出、减轻或缓解过敏症状。常用于治疗荨麻疹、湿疹、接触性皮炎、血清病以及血管神经性水肿等过敏性疾病的辅助治疗。

免疫抑制剂 过敏是一种过度的免疫反应，免疫抑制剂可以抑制机体过度的免疫功能，这种抑制没有特异性，让身体达到一种免疫平衡状态。这类制剂对各型过敏反应有效，主要用于治疗顽固性或外源性的过敏反应性疾病、自身免疫病和器官移植后的排异反应等。

器官移植中的排斥反应

为什么会有排斥?

器官移植为什么会有排斥?

从“敏感”的世界来到“排斥”的世界，中间有着怎样的关联呢?原来，无论是过敏还是器官移植，与人体免疫系统都有着密不可分的关系。还记得吗，Ⅳ型超敏反应——迟发型超敏反应就包括了器官移植的排斥反应。

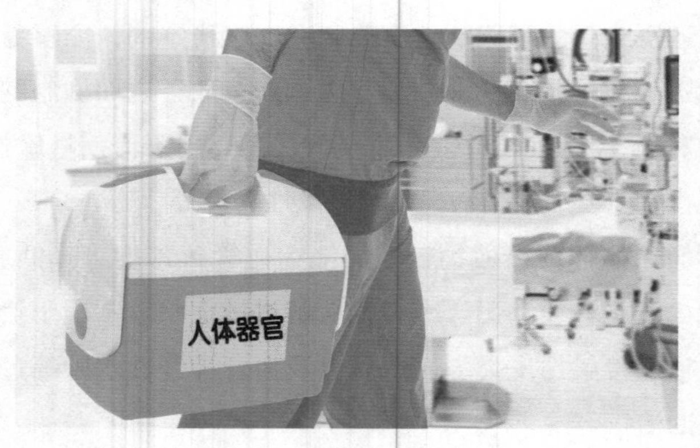

图 5-13　医生转送供体器官

过敏是机体免疫系统产生异常的、过高的免疫应答，器官移植面临的最大问题就是免疫系统的排斥反应。

为什么器官移植后会产生排斥反应?因为新的器官被免疫系统视作了入侵者。每个人的细胞表面都带有属于自己的独特抗原，称为主要组织相容性抗原，人类主要组织相容性抗原是在白细胞中发现的，所以又称为人类白细胞抗原（Human Leukocyte Antigen, HLA）。就像人脸与人脸、指纹与指纹不会完全相同一样，每个人的 HLA 也各不相同。

被移植的器官进入接受移植的人体，免疫系统识别出这个器官的 HLA 与自己身体的 HLA 不匹配，将移植器官视为异物并开始攻击，就像攻击入侵的细菌和病毒一样，最终，会引起移植后器官功能迅速衰竭、死亡。

移植排斥反应的过程很复杂，既有细胞介导的又有抗体介导的免疫反应参与。按照排斥反应发生的程度和时间，可分为超急性、急性和慢性排斥反应。

超急性排斥反应 在移植手术后 24 小时内或更短时间就会发生，如误输异型血液（输血也是一种器官移植），在数分钟内即发生溶血反应。

急性排斥反应 在移植手术后 1—2 周内发生，表现为发热、局部炎性反应，如肿胀、疼痛、白细胞增多、小血管栓塞、移植的器官功能减弱或丧失。

慢性排斥反应 在器官移植后数年内缓慢发生，移植器官功能逐渐减退，直至功能完全丧失，即使增加免疫抑制剂也无济于事。

怎样才算“和好”？

器官移植虽然面临排斥反应风险，但仍然是挽救患者生命的重要手段，将供体完好、健全的器官整体或部分转移到受体身上，替代受体本身损坏或功能丧失的器官。当一个人由于生命器官功能衰竭而无其他疗法可以治愈，短期内不进行器官移植就将死亡，器官移植就是需要考虑的选择。

数据显示，目前中国人体器官捐献志愿者登记人数超过 33 万，捐献大器官 3.8 万多个，器官移植挽救了 3 万多名器官衰竭患者的生命，每年等待器官移植的患者有 150 万。

图 5-14　捐献器官宣传图

器官移植让许多人获得新生，排斥反应是器官移植患者需要终身警惕的问题，绝大部分人需要终身使用免疫抑制药物。移植手术后早期是排斥反应的高发时间，经常需要使用大剂量免疫抑制药物，以防出现超急性或急性排斥反应。随着时间延长，排斥反应发生的风险逐渐降低，患者可在医生指导下逐步降低免疫抑制程度。

不同器官移植后的成功率也不尽相同，肝肾移植的患者情况相对较好，肾移植在器官移植中疗效最显著，患者存活率超过97%。肝移植术后一年生存率为80%—90%，五年生存率达70%—80%，最长存活时间可达30多年。

我们会在新闻里看到亲人之间捐献器官的故事，因为亲属之间的排斥反应少一些。

免疫系统靠什么认出“自己”与“非己”？靠的就是每个人独一无二的HLA。子女的染色体一半来自父亲，一半来自母亲，所以，父母和子女的HLA肯定有一半相同。在器官移植时只有一半HLA相同还不够，实际需要大部分一致，尤其是一些特殊点位必须一致，但是，血缘供体的配型还是比非血缘供体的配型合适概率高许多。

亲生兄弟姐妹的HLA是一样的吗？足够互相进行器官移植吗？从遗传学知识中可以得知，他们之间有四分之一的概率是HLA完全相同，四分之一的概率完全不同，二分之一的概率是有

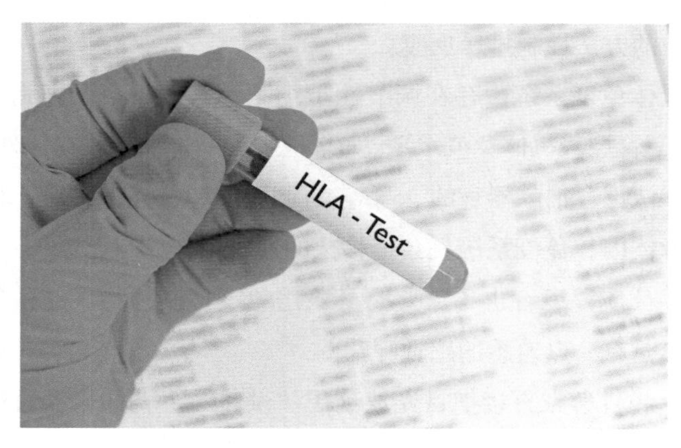

图5-15 器官移植手术中的HLA检查

一半 HLA 相同。

双胞胎的 HLA 一定一样吗？答案是否定的。如果是异卵双胞胎，相当于普通的亲生兄弟姐妹。如果是同卵双胞胎，HLA 就完全一样，从基因型的角度来说，他们彼此拥有一个基因完全相同的“幸运备份”。

早在 1958 年，HLA 被发现以前，已有医生在同卵双胞胎身上成功进行了肾脏移植。然而，临床病例告诉我们，正因同卵双胞胎有相同的基因，如果其中一个人有遗传性疾病，另一个人也很难幸免。

“私人订制”

免疫抑制剂可以控制排斥反应，但也有引发感染、癌症、动脉粥样硬化等副作用。这类药物通常价格昂贵，即使是进入稳定期的患者，也有不少的药物费用开销。所以，科学家们还在研究一些新的方法控制排斥反应。

人体免疫系统中存在调节性 T 细胞，它们相当于细胞“宪兵部队”，管控着机体免疫水平。如果把患者的 T 细胞放在体外培养，成为“认识”捐献器官的、“私人订制”的调节性 T 细胞，再回输到患者体内，免疫系统就会把移植的器官当作“自己人”，不会发生排斥反应，患者也不需要终身服用免疫抑制药物。这种免疫疗法是不是有一点熟悉的感觉呢？

一些科学家直接把目光放到了“供体”上，如果器官的来源就是本人，移植器官的 HLA 与受体的 HLA 完全一样，就绝不会出现排斥反应。对此，他们进行了一些探索。

3D 打印器官 3D 打印机与普通打印机的工作原理相似，只是把喷到纸上的墨层变成了结构材料，3D 打印机喷头依照数字建模添加每一层材料，逐渐得到模型的三维结构。3D 打印器官通过皮肤、血液、干细胞或骨髓采集，从人体内输出细胞，然后利用细胞材料构建器官。

目前至少已经有 6 种人体器官可通过 3D 打印制造完成：耳朵、肾脏、血管、皮肤移植片、骨头和气管。

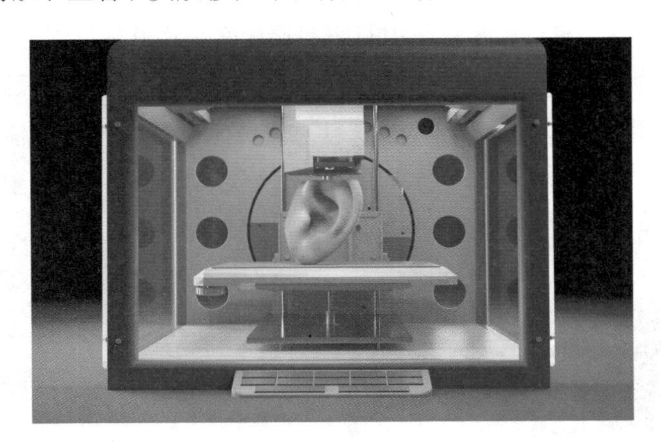

图 5-16 3D 打印耳朵

德国使用 3D 打印技术和多光子聚合技术，成功打印出人造血管。打印时，首先制造出有弹性的固体，构成高精度的弹性结构血管。打印出来的血管可与人体组织相互“沟通”，打印时使用的“墨水”是生物分子与人造聚合体。

进行一般的皮肤移植手术时，需要用患者的正常皮肤来进行创面恢复，不过这不适用于全身烧伤患者。美国利用 3D 打印技术直接将皮肤细胞打印在烧伤创面上，大大减轻了患者在皮肤移植中的痛苦。

异种器官再造　科学家利用干细胞的发育潜能，在动物体内实现人类器官再造，比如在猪的身上移植人类干细胞，长出的人类器官或可用于移植手术。这种方法获得的组织、器官在理论上完全来源于人类干细胞分化细胞，有望解决免疫排斥问题，成为供体器官的重要来源。然而，动物体内潜在的内源性遗传因子的感染传播风险，给这一技术的发展带来了巨大挑战。

克隆　克隆在生物学中有很多层含义。这里是指创造一个与原生物体拥有同样遗传信息的生物体。1996 年，世界首只体细胞克隆动物“多莉”羊诞生，这种克隆技术被称为体细胞核移植。2018年，我国在国际上首次实现了非人灵长类动物的体细胞克隆，也就是蜚声海内外的克隆猴“中中”“华华”。

图 5-17　克隆羊“多莉”

克隆技术能够解决器官移植的排斥反应问题吗？理论上当然可行，在不远的将来，是不是克隆人时代也将来临呢？克隆技术不可避免地会向前发展，与此同时，克隆人技术给伦理学造成了巨大的冲击，也带来了新的挑战。

综合科技发展趋势和生命伦理原则，伦理学不应是科学的“紧箍咒”，全人类应携手推进科技与伦理共同健康发展，克隆技术应是造福人类的“大福音”，每一个人都应承担起自己的社会责任，任何试验都应有规范、有法度、有边界。

干细胞不“淡定”了

“干细胞”是“干”什么的?

干细胞？这种细胞要干什么？难道还有“湿”细胞？

原来，干细胞（stem cell）的“干”（stem）在英文中意为“树干”和“起源”，是指干细胞可以像树干一样，长出树杈、树叶、开花和结果。干细胞可以说是机体的起源细胞，在细胞发育过程中处于较原始阶段，具有可以分化成机体各种细胞的功能。

怎样的细胞才有资格叫作干细胞？首先，它得拥有自我更新的功能，能在动物胚胎和（或）组织中持续分裂，但又不分化成其他细胞；其次，它得拥有自我分化的功能，能在不同培养条件下变成不同种类、不同功能的其他细胞。简单地说，就是“不想变就不变”“想变就变”，让你猜来猜去也不明白的状态。

干细胞是一个大家族，每个成员的功能都不同，根据不同的分类法可以分为以下几种：根据发育等级和分化能力，分为全能

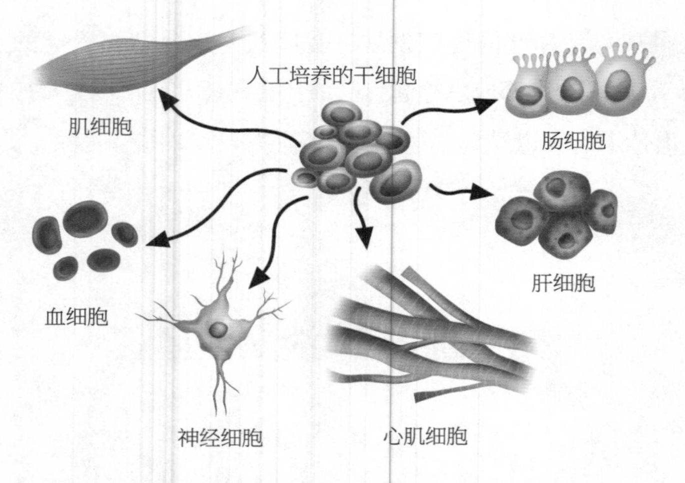

图 5-18　干细胞具有分化成其他细胞的功能

干细胞、多能干细胞和单能干细胞；根据细胞来源，分为胚胎干细胞、成体干细胞和诱导多能性干细胞。

根据发育等级和分化功能分类的干细胞　第一种，全能干细胞。这种细胞拥有超级潜能，能变成各种细胞，能发育成一个新的生命个体，从一个干细胞经过分裂、增殖、分化最终成为一个完整的生物。可惜的是，这种干细胞太少了，目前还没有办法对这种细胞传代培养，不能够使它们持续分裂还保持原有功能，因此，对这类干细胞的研究较少。第二种，多能干细胞。它们可以变成很多种细胞，研究和应用也很广泛。在这个类别中，干细胞分化能力也有差别，一些干细胞能够分化成任何细胞，有些只能分化成几种细胞。为了区别，“想变就变”的细胞叫“万能干细胞”，“多想多变”的叫“多能干细胞”，但无论如何，多能干细胞不能形成一个完整的生物。单能干细胞，它们是只能变一种或两种细胞的干细胞，相对的处于原始阶段，甚至差点被移除“干细胞”名单。不过，它们还是具备一些干细胞特性，如自我更新能力、分化能力。

根据细胞来源分类的干细胞 第一种，胚胎干细胞。它来源于胚胎早期的干细胞，有一个阶段叫作胚泡，胚胎像一个小泡泡，内部有一小团细胞，胚胎干细胞就从这一小团细胞中分离出来。胚胎干细胞符合“万能干细胞”概念范畴，具有分化成各种细胞类型的能力。第二种，成体干细胞。它源于成体的干细胞，可分为骨髓干细胞、神经干细胞、脐血干细胞、间充质干细胞等，也可以分为造血干细胞、神经干细胞、肌肉干细胞、脂肪干细胞等。其实，同一组织来源可有多种不同分化能力的干细胞，如骨髓和脐血里就都有造血干细胞和间充质干细胞；功能不同的成体干细胞也可分化出相同的细胞，如间充质干细胞和肌肉干细胞都可以分化成血细胞。第三种，诱导多能性干细胞。它是近年来干细胞研究的热点。这种细胞的来源是成体细胞，甚至可能是没有任何

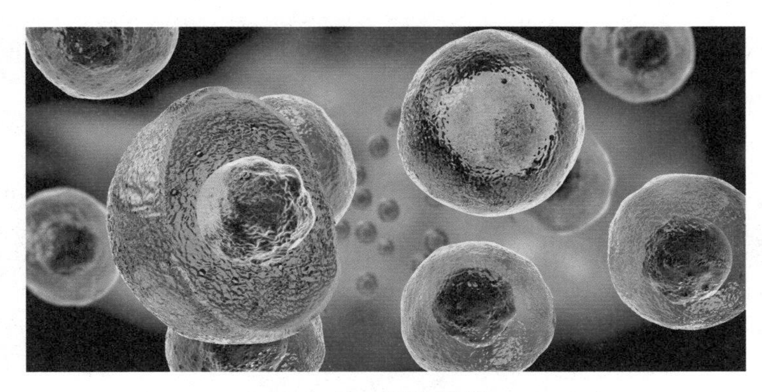

图 5–19 胚胎干细胞

分化能力的细胞，例如胃腺细胞、淋巴细胞等。通过体外人工诱导的方法（如病毒载体转基因技术）使成体细胞“返老还童”，回到最初的干细胞状态，重新拥有自我更新和分化的能力。从理论上讲，诱导多能性干细胞与胚胎干细胞有着同样的功能和特点，只是来源不同罢了。

干细胞与再生医学

器官移植会遭遇临排斥反应风险，于是，人造器官和组织成为解决方案的重要选项，一门新的学科——再生医学也应运而生了。

再生医学是促进机体自我修复与再生，或者构建新的组织与器官，以改善或恢复损伤组织和器官功能的科学。再生医学的目标是利用人体自身的资源或者部分人造材料构建的新组织和器官，进行身体损伤修复，这些组织器官完全来自患者本身，能够避免产生排斥反应。

世界各国在再生医学领域取得不少新成果，甚至有人提出，我们这一代人或许是“最后一代原装人”。

在再生医学中，干细胞起到了什么作用?

干细胞是身体组织的源泉，在机体发育和器官组织更新中发挥着重要作用，自我更新和分化潜能又赋予其重要地位。现在，来源于干细胞的类器官正给再生医学带来新的希望。

20 世纪末，科学家在实验室成功分离或获得多种干细胞，干细胞来源的体外类器官培养迅速取得令人瞩目的进展。用于类器官培养的干细胞主要分两大类：一类是成体干细胞，另一类是多能干细胞。

类器官的典型培养方法是在支持介质上进行干细胞培养，提供三维空间的生长环境，添加特定的细胞因子。这些细胞因子都是与体内器官发育相关的生物分子，能够参与特定器官的形成过程，干细胞经由定向分化和自组装能够自发形成类器官结构，与体内器官或组织非常相似。

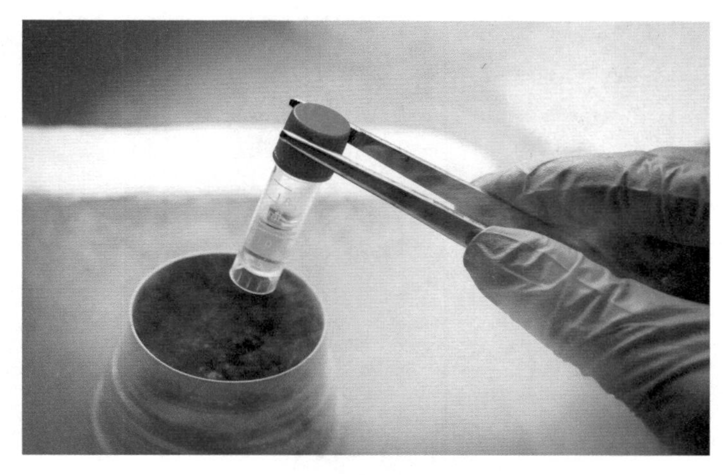

图 5-20　液氮保存的干细胞悬浮液

近年来，世界各国成功培养出了各种各样的人工类器官：2008 年，日本理化学研究所发育生物学研究中心的科研人员从多能干细胞成功培养出类似大脑皮质结构的分层球体；2009 年，荷兰乌得勒支大学的科学家从肠道成体干细胞培养出类似肠道绒毛和隐窝的肠道类器官；2011 年，美国俄亥俄州辛辛那提儿童医院医学中心的研究组从人类多能干细胞中培养出肠道类器官；2011

和2012年，日本理化学研究所发育生物学研究中心科研人员分别从小鼠和人类多能干细胞中培养出视杯结构；2013年，奥地利维也纳分子生物技术研究所从人类多能干细胞中培养出具有人类大脑皮质中类似脑叶结构的大脑类器官；2014年，日本横滨市立大学科学家从多能干细胞中培养出微型肝脏类器官；2015年，澳大利亚昆士兰大学的研究人员从多能干细胞中培养出微型肾脏类器官。

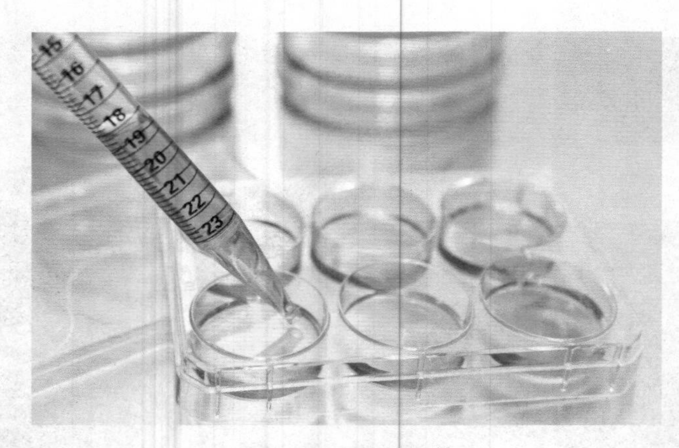

图5-21　干细胞培养

目前，已报道在体外干细胞培养获得还包括肺、胃、甲状腺、胰腺等多种类器官，这些体外培养类器官未来可能成为重要的器官移植来源。2014年9月，世界上首例利用诱导多能干细胞分化视网膜色素上皮细胞移植治疗老年黄斑病变的手术在日本完成。或许，在不远的将来，利用体外诱导干细胞制成的各种生物制剂，能够像“创可贴”一样方便地用于修复受损人体组织。

现在实验室培养出的类器官，在体积和结构上仍与体内器官存在差距，在类器官血管化和神经化等方面仍需深入研究，但是，类器官的出现为器官修复和再造医学提供了强劲的发展动力。

研究发现，干细胞不只是培养器官组织，其本身就有治疗功效。在治疗多发性硬化、心肌损伤等疾病时，干细胞因子具有治疗作用，并不完全依赖干细胞的直接作用，例如，在干细胞治疗类风湿性关节炎病人的组织活检中，也未直接发现干细胞长期存在。

看来，干细胞的潜力真是不可限量啊！

干细胞与人类健康

艾滋病在普通临床上不能治愈，但凡事必有意外，这个意外就是号称“柏林病人”的蒂莫西·布朗。1995 年布朗在德国柏林确诊感染艾滋病病毒，2006 年他又被诊断出患有白血病，医生突破性地提出了一个“一石二鸟”的疗法：让体内天然存在 CCR5 蛋白突变的捐赠者提供造血干细胞，通过骨髓移植手术，这样既能治疗白血病，又能治疗艾滋病。

艾滋病病毒通过 CCR5 蛋白“锚定”免疫 CD4 辅助 T 细胞，如果 CCR5 蛋白产生了突变，病毒就不能感染 CD4 辅助 T 细胞。就像是宿主细胞换了一把“门锁”，艾滋病病毒的“钥匙”已经不能打开细胞的“大门”。自从 2008 年接受干细胞骨髓移植后，布朗体内至今未检测出艾滋病病毒，被认为是全球第一例艾滋病治愈患者。

这一事实清楚地表明，骨髓造血干细胞移植点燃了人类治愈艾滋病的希望。干细胞不仅对于传染性疾病治疗有潜力，对于非传染性疾病，如糖尿病的治疗也展示出巨大的潜力。

干细胞治疗糖尿病研究已有20年以上，主要治疗方案是使用胚胎干细胞和间充质干细胞。日本熊本大学利用实验鼠胚胎干细胞高效培养出胰岛β细胞，这些细胞的胰岛素分泌能力和正常实验鼠相差无几。研究人员将培养出的胰岛β细胞移植到患有糖尿病的实验鼠体内，6周后，实验鼠的血糖基本下降到正常值。

我国许多医疗机构也开展通过自体造血干细胞和间充质干细胞移植干细胞治疗1型糖尿病研究。一些研究发现，接受这种治疗的患者最多可脱离胰岛素治疗达3年以上，平均缓解时间为16个月。目前，干细胞治疗糖尿病尚处在临床应用前研究阶段，临床上通常不建议采用干细胞移植方法治疗糖尿病。

在过去50年里，左旋多巴等药物一直是治疗帕金森病的标准配置，这些药物能缓解患者的运动症状，却不能治愈这种神经退行性疾病。

近年来，诱导多功能性干细胞治疗帕金森病取得突破。2017年，日本京都大学研究团队使用人类诱导多功能性干细胞制成了神经元细胞，将这些神经元细胞移植至8只帕金森病猴子脑中，结果显示，猴子手足颤抖的状况得到改善，行动开始变得灵活。

“人胚胎干细胞来源的神经前体细胞治疗帕金森病”是我国正式备案的首批两个干细胞临床研究项目之一，2017年《自然》杂志这样报道：“在未来的几个月中，来自中国郑州的外科医生将在帕金森患者的头骨上钻孔，并将大约400万个人类胚胎干细胞分化获得的神经前体细胞注入患者大脑，而紧随其后的是一段长期的临床随访。”结果如何，我们拭目以待。

从1956年，造血干细胞移植之父爱德华·唐纳尔·托马斯成功应用同卵双胞胎的骨髓移植治疗白血病，完成了世界上第一例骨髓移植手术，到现在，干细胞技术发展已超过60年。我们一次次地见证了奇迹的诞生，干细胞治疗也逐步由实验室研究走向临床试验，更好地造福人类。

第6章

健康

你吃得好吗？

食物与营养

或许，“吃饱”对大部分人来说已经不是一个问题，人们的追求正在向“吃好”“吃得有营养”转变升级。既然说到吃得有营养，究竟什么是营养？

当我们说“这种食物营养丰富”时，营养是生物体维持生长发育等生命活动所需养料 / 养分的统称。当我们说“补充营养”时，营养是指人体从外界吸取需要的物质来维持生长发育等生命活动的行为。

这些营养从哪里来？从吃的食物来。食物是营养的物质载体，是我们维系生命和保持健康的基础。

任何生命体都在同外界不断地进行物质和能量交换。生命体必须吃进东西，积累能量，还必须排泄废物，消耗能量。新陈代谢是最基本的生命特征，由两个相反的过程组成，即同化作用和异化作用。

人吃进食物以后消化、吸收，利用食物中的营养合成自身所需物质，储存食物转化过程释放出的能量，这就是同化作用；绿色植物从外界吸收水和二氧化碳，利用光合作用转化成淀粉、纤维素等物质并储存能量，这个过程也是同化作用。在同化作用进行的同时，生物体自身物质不断分解变化，把储存的能量释放出去，供给生命活动使用，把不需要和不能利用的物质排出体外，这个过程是异化作用。

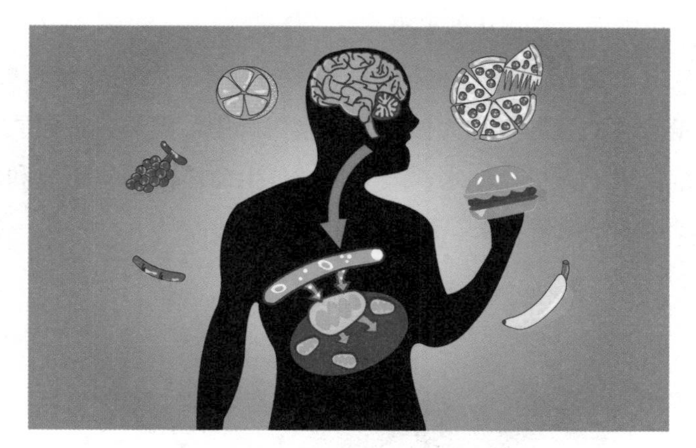

图 6-1　食物在人体中被分解

新陈代谢是生命体不断自我更新的过程，在人类生长、发育和衰老的各个阶段，新陈代谢的情况是不同的。婴幼儿、青少年生长发育快，需要更多物质建造生命机体，摄取的食物量比较多，新陈代谢旺盛；老年人机能日趋退化，食量逐渐减少，新陈代谢也逐渐缓慢。

没有食物，人就没有营养，食物中含有能被人体消化、吸收和利用的具有营养作用的物质，营养学上称为营养素。人体需要哪些营养素，我们去探个究竟吧。

营养素是素菜吗？

营养素是食物中的化学物质，在机体生长发育、功能维持以及能源供应中发挥作用。从来源上讲，分为必需营养素和非必需营养素，前者自身不能合成，只能从食物中摄取；后者自身能够合成，也能通过食物从外界摄入。

从需求量划分，人体需求量较多的营养素称为宏量营养素，需求量较少的营养素称为微量营养素。其中，糖类、蛋白质、脂类、维生素、无机盐、水六大类是维持生命体的物质组成和生理机能不可或缺的营养素，都是必需营养素。

图6-2　宏量营养素

糖类　由碳、氢和氧三种元素组成，它所含的氢氧元素比例为2∶1，和水分子的构成一样，故又称为碳水化合物。我们吃的米饭、面粉中所含的淀粉就是碳水化合物，是为人体提供热能的三种营养素之一，是人体能量的主要来源。

食物中有两类碳水化合物，人可以吸收利用的有效碳水化合物如单糖、双糖、多糖，不能消化的无效碳水化合物如纤维素。碳水化合物在生物体内扮演着很多重要角色，多糖可作为储存养分的物质如淀粉和糖原，或作为动物外骨骼和植物细胞壁如甲壳素和纤维素；核糖构成了 DNA 和 RNA 这些遗传物质的骨架。

蛋白质 由氨基酸分子组成的有机化合物，肉类、蛋类和豆类食品都富含蛋白质。蛋白质是生命的物质基础，占人体重量的16%—20%，是组成人体一切细胞、组织的重要成分，如皮肤、肌肉、毛发、骨骼、血液、内脏、大脑中都有蛋白质存在。蛋白质还是人体内各种生命物质的重要成分，如激素、酶、抗体、血红蛋白等，酶类是最常见的蛋白质，对于生物体的代谢非常重要。蛋白质维持人体组织生长、更新和修复，也能为人体提供能量。

脂类 脂肪和类脂总称。脂肪又称中性脂肪，是碳、氢、氧等元素组成的有机化合物，类脂包括磷脂、固醇类、脂蛋白、糖脂等，脂肪含量高的食物有核桃、芝麻、花生，还有油炸食品、肥肉、动物内脏、奶油制品等。

脂肪也是人体能量的主要来源，是机体代谢所需能量储存的主要方式，也是细胞生成、转化和生长必不可少的物质，还能促进脂溶性维生素吸收。

脂肪由脂肪酸和甘油结合而成，脂肪酸分子是由一个个碳原子“串”起来的长链条，碳原子上面还有氢原子与之相连。碳氢链不含不饱和双键的脂肪酸，叫作饱和脂肪酸，除饱和脂肪酸以外的脂肪酸叫作不饱和脂肪酸。

维生素 机体所需的微量营养成分，需求量极小，以毫克或微克作为单位。维生素不像糖类、蛋白质和脂肪那样产生能量或组成细胞，但它参与体内的各种代谢过程和生化反应途径，对人体的生长发育、物质代谢等生理功能具有重要作用。

维生素分为水溶性维生素和脂溶性维生素。水溶性维生素易溶于水，人体吸收后体内贮存量很少，过量的一般排出，如果食物烹调温度过高，极易受到破坏；脂溶性维生素易溶于非极性有机溶剂，不易溶于水，可随脂肪被人体吸收并积累，排出率不高。

人体一共需要 13 种维生素，包括 4 种脂溶性维生素（维生素 A、维生素 D、维生素 E、维生素 K）和 9 种水溶性维生素（8 种维生素 B，1 种维生素 C）。富含维生素 A 的食物有动物肝脏、奶与奶制品及禽蛋、绿叶菜类、黄色菜类及水果等。各种油料种子及植物油，如麦胚油、玉米油、花生油、芝麻油、豆类、粗粮等是维生素 E 的重要来源。

矿物质 又称为无机盐及膳食矿物质，是构成人体组织、维持正常生理功能和生化代谢的主要元素，例如，参与构成功能性物质、维持神经和肌肉正常或兴奋性以及细胞通透性。人体内约有 50 多种矿物质，占体重的 4.4%。矿物质与维生素都是人体必需的营养物质，但又无法自身产生、合成，只能通过饮食摄取。如钠元素来自食盐，碘元素来自紫菜等海产品，铁元素来自肉类、内脏、蛋黄等。

矿物质根据在人体内含量多少，可分为常量元素和微量元素。能够自然地存在于食物中，或存在于食品添加剂中，如碳酸钙或氯化钠。人体对矿物质每天摄取量也基本稳定，随个体的年龄、性别、身体状况、环境、工作状况等因素略有不同。

水 食品中的一种重要成分，在食物生产、保存的过程中，都起到关键作用。《银河系漫游指南》一书提到："水在两个极其重要的方面超越了其他食品成分：一，它稍微便宜一点儿，甚至可以说是最便宜的食品原料了；二，它在食物中含量的多少，能直接影响产品的品质。"

在成年人身体里，水占体重比例的50%—60%，在婴幼儿体内占比60%—70%，甚至更高。人体细胞的主要成分是水，体内各种生理活动都需要水。水能够调节体温，还是体内润滑剂，比如体内关节囊液、浆膜液使器官之间免于摩擦受损。

图6-3 水是生命之源

水是生命的源泉。水和氧气是人类最宝贵的资源。水不仅构成身体成分，还能调节生理功能。人如果没有水，维持不了几天生命。

营养不良就是吃少了吗？

营养素有这么多好处，摄入不足肯定对人体健康不利，是不是摄入越多越好呢？并不是。新陈代谢要维持平衡，营养素摄入不足或过量都会产生营养不良。

营养不良包括两种含义：一种是营养不足，是由于必需营养素摄入不足或失衡所造成的一种人体不正常生理状况，表现为发育迟缓、消瘦、体重不足。另一种是营养过剩，人体每天摄入大量食物，转化的能量又无法完全消耗，就会出现能量堆积，加重人体代谢负担，甚至可能引起疾病。

如果吃多了，能量被转化成脂肪和糖原，脂肪会大部分堆积在人体腹部位置，造成肥胖以及代谢疾病等。人们不太了解的情况，比如铁元素摄入过多会引起中毒的病例在临床上并不少见，维生素 A 和 D 中毒的情况也时有发生。

任何形式的营养不良都是人类健康的心腹之患。世界上，尤其是中低收入国家，正面临着营养不良的双重负担：儿童营养不良率和成人肥胖率同时居高不下。世界卫生组织 2020 年公布的数据显示，全球约 4.54 亿 5 岁以下儿童体重不足，19 亿成人超重；约1.49亿5岁以下儿童发育不良，3890万5岁以下儿童超重或肥胖。

我们要解决营养不良问题，应该合理搭配膳食，可以参考膳食指南和平衡膳食宝塔来调整饮食结构和摄入量。

图 6-4　缺乏营养摄入的非洲孩童

糖，好甜哦

吃糖却不识糖

“少吃糖，糖吃多不好”“糖是身体的首要能量来源”，这些话听起来很熟悉，也挺有道理。“糖”到底是什么？大白兔、棒棒糖，还是生物课所讲的葡萄糖？

图6-5　形形色色的糖果

在化学本质上，糖是“多羟基醛或多羟基酮及其缩聚物和某些衍生物”的总称，由碳、氢、氧三种原子构成，糖类物质中氢、氧的比例基本与水分子一致，又名“碳水化合物”，虽有“另类”，不过碳水化合物的名称还是流传了下来。

在日常生活中，糖一般指具有甜味、可溶于水的有机化合物晶体，包括葡萄糖、麦芽糖、蔗糖、果糖和乳糖等，还记得黏黏的、亮晶晶的、有着诱人造型的糖画吗？

而在生物学上，糖类扮演着众多角色：人脑部几乎全部依赖葡萄糖作能量来源，多糖可以形成动物外骨骼和植物细胞的细胞壁，糖类衍生物与免疫、受精、血液凝固等生理现象有着密

图 6-6 糖画

切关系。

在营养学上，糖类是人体能量的重要来源。如果能够从食物中摄取足够的糖类物质，人体会首先利用糖作为能量来源，这样可以减少蛋白质消耗。糖类还能促进人体内脂肪的氧化，在缺少糖类情况下脂肪不能完全氧化，因此，产生的丙酮酸等中间体可能导致中毒。糖类还是构成机体必不可少的原料：细胞膜上有糖蛋白，糖脂是构成神经组织和生物膜的主要成分。

糖类“三巨头”是单糖、双糖和多糖。单糖（如葡萄糖、果糖、半乳糖）和双糖（如蔗糖、麦芽糖、乳糖）的分子量较低，多糖（如淀粉、植物纤维）至少是由超过十个单糖组成的高分子碳水化合物。

糖从哪里来？

人们能从饮食中获得的糖主要来自谷类、水果和蔬菜，这些糖究竟包含在哪些食物中？我们都能通过“甜”味感知糖吗？

单糖 葡萄糖是人体非常重要的单糖，自然存在于很多食品中，如水果和蜂蜜等，淀粉消化后也会产生葡萄糖。果糖化学式与葡萄糖相同，分子结构不同。果糖是所有糖类中甜度最高的糖，大量存在于水果和蜜糖中。半乳糖甜度偏低，很少在食物中独自存在，常常与葡萄糖分子结合成乳糖。

双糖 蔗糖是人们最熟悉的双糖，是我们在日常生活中所指的砂糖，主要来源于甘蔗和甜菜汁液。麦芽糖并不广泛存在于食物中，大麦种子发芽或淀粉消化，均会产生麦芽糖。乳糖主要存在于动物奶中，在牛奶中乳糖含量为 4.7%，人母乳中的乳糖含量为 7%。

图 6-7 甘蔗与蔗糖

多糖 淀粉是人体摄取的主要糖类，米、面、玉米、高粱等谷物含淀粉 70% 左右，其他豆类、根茎类食品中含量也很丰富。植物纤维构成植物细胞壁，含植物纤维的食物有蔬菜、水果、豆类、粗粮等，甲壳素和植物纤维结构类似，来自螃蟹、龙虾、昆虫的外壳。

图 6-8 玉米淀粉

动物摄入食物后，糖类会以肝糖原的形式储存在肌肉与肝脏中，所以，即使只吃肉类食品，也会摄入不少的糖类。

吃甜的苦

既然糖类对人体如此重要，为什么大家反而呼吁“少吃糖，多健康”呢？请牢记一句话：“摄入足够碳水化合物，严格控制游离糖。”“游离糖”是导致身体健康出现问题的罪魁祸首！

游离糖并不是一种新的糖类，而是来源于人造食品中添加的蔗糖（如白砂糖、绵白糖、冰糖、红糖）、葡萄糖和果糖等，也包括食品工业中常用的淀粉糖浆、麦芽糖浆、葡萄糖浆、玉米糖浆等产品。

世界卫生组织认定游离糖的危害有两种。一种危害是导致体重超重或肥胖，实验表明，游离糖摄入增加，体重就会增重，游离糖摄入减少，体重便会减轻。另一种危害是导致龋齿，如果人的游离糖摄入量超过食物总能量10%，患龋齿的风险就会增加。此外，还有证据表明，游离糖摄入偏多会增加心血管疾病、糖尿病和某些癌症的风险。中国营养学会建议，我们每天所摄入的能量中，游离糖提供能量所占比例不能超过10%。

身体里的糖

糖类既是生物体重要的结构物质，也是维持生命活动的主要来源。糖类能与蛋白质结合形成糖蛋白，核糖能够形成核酸，这些糖类衍生物在生命活动中发挥了非常重要的作用。

糖蛋白就是含糖的蛋白质，由短的寡糖链与蛋白质共价相连构成的分子，蛋白质是主体而糖链是蛋白质辅基。糖蛋白在体内分布十分广泛，已被研究的六七十种血浆蛋白质中，绝大多数是糖蛋白，许多酶类、激素、运输蛋白、结构蛋白也都是糖蛋白。

在人的血型系统中，A型血的人的红细胞表面有A型抗原，B型血的人的红细胞表面有B型抗原。这两种血型抗原都是糖蛋白，它们虽然非常相似，但是糖链末端残基有差别：A型血抗原的糖链末端是N-乙酰半乳糖，B型血抗原糖链末端则是半乳糖，O型血抗原相应位置没有糖基，AB型血抗原相应位置有以上两种糖基。

肿瘤在发生发展的过程中，细胞表面糖蛋白也不平静。研究发现，恶性转化细胞和癌变细胞表面的糖蛋白有一系列改变，比如：某些糖蛋白通常存在于正常细胞表面，细胞经历恶性转化，它们就会消失；又如含岩藻糖的唾液酸糖肽量增加；或者有些糖基转移酶如唾液酸、半乳糖和岩藻糖转移酶活性发生变化。

细胞表面糖蛋白的主要作用是识别功能，包括识别自己和其他正常细胞和突变细胞、癌细胞等以及细胞间彼此识别，还参与细胞的黏着及迁移过程。比如识别病毒抗原的细胞表面膜糖蛋白受体、肿瘤细胞膜糖蛋白构造改变使肿瘤细胞发生免疫逃逸。

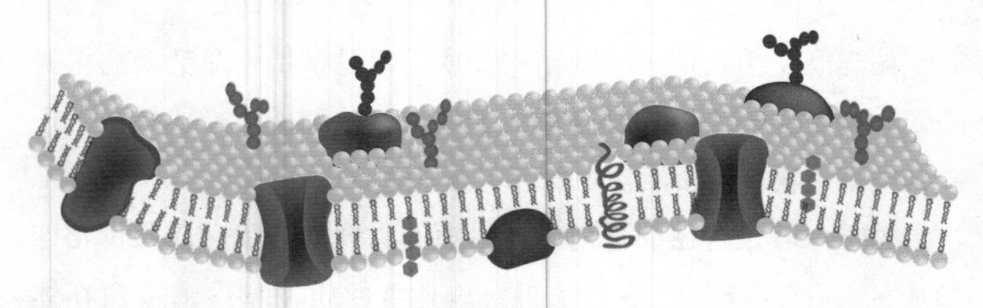

图 6-9　细胞膜表面的糖蛋白具有识别和免疫的功能

生命体构成的两大基本物质蛋白质与核酸，都与糖类有着千丝万缕的关系。核酸是生物遗传最重要的生物大分子，有两种存在形式：脱氧核糖核酸（DNA）和核糖核酸（RNA）。DNA 含有生命的全部遗传信息，可以说是生命的蓝图；RNA 负责 DNA 遗传信息的翻译和表达，后来发现 RNA 还有很多特殊功能，比如催化、降解和调控能力。

核苷酸是核酸的基本组成单元。核苷酸以一个含氮碱基为核心，加上一个五碳糖和一个或者多个磷酸基团组成。组成核苷酸的五碳糖有两种，一种是脱氧核糖，组成了脱氧核糖核苷酸（DNA 的单体），一种是核糖，组成了核糖核苷酸（RNA 的单体）。

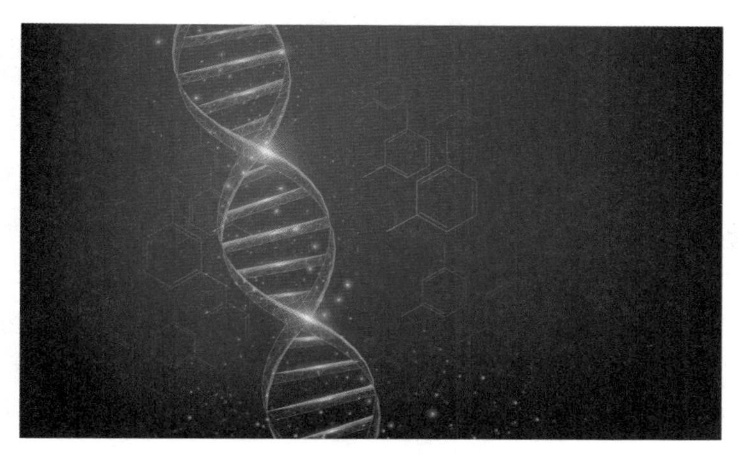

图 6-10 DNA 双螺旋结构

一般常见的核糖形态为 D- 核糖，D- 核糖和 D-2- 脱氧核糖是核酸中的碳水化合物组分，是所有活细胞的普遍成分之一，D- 核糖也含多种维生素、辅酶以及某些抗生素成分。

核糖有各种磷酸化衍生物，在代谢中发挥重要作用，比如：ATP 是通用能量载体，UTP 参与多糖合成，CTP 参与脂代谢，GTP 用于翻译过程和蛋白构象变化（如 G 蛋白）。辅酶 A 作为某些酶的辅酶成分，参与糖的氧化及脂肪酸的氧化。此外，核糖的衍生物核醇是维生素 B_2 的组分，参与构成 FMN 和 FAD。

核糖在各种食物中含量丰富，细胞可以通过磷酸戊糖途径合成核糖，所以，人体不会缺乏核糖，不需要额外补充。

蛋白质的真相

蛋白质都在哪？

核酸携带着生命的遗传物质，所以，人们常说 DNA 是生命的蓝图。但是，仅仅有了蓝图还不够，是谁把蓝图变成一个个活生生的有机物呢？答案就是蛋白质。

蛋白质是一种生物大分子，它的基本单位是氨基酸，所有蛋白质都是由 20 种氨基酸按照不同比例组合而成。这 20 种氨基酸各自具有特殊侧链，侧链基团理化性质和空间排布也不相同，当按照不同序列关系组合后，就形成不同空间结构和不同生物学活性的蛋白质分子。

人体内有着种类繁多的蛋白质，不断进行着代谢和更新。蛋白质是细胞中含量最丰富的生物分子之一，在大肠杆菌中，蛋白

图 6-11　蛋白质

质占据细胞干重的一半，其他如DNA和RNA只分别占3%和20%。蛋白质是细胞中的主要功能因子，大多数生物分子都需要蛋白质来调控功能。

蛋白质是所有生物体内的“执行者”，忠实地执行着来自核酸的各级命令。生物体中的全部重要功能都得靠蛋白质来实现，包括消化食物、组织生长、氧气传输、细胞分裂、神经元激活、肌肉供能等。

酶蛋白极大地加速体内生化反应，在没有酶的情况下，可能一些反应需要几千年，甚至无法进行，而在酶的催化作用下只需几秒钟就能完成。胰岛素等蛋白质调节着生物体的新陈代谢；离子泵和血红蛋白能够运输代谢物质；头发、指甲的角蛋白形成相对更为刚性的机体保护结构；免疫系统中发挥关键作用的抗体也是蛋白质，细胞周期过程都有大量蛋白质“齐心协力”。

动物蛋白和植物蛋白是选择题吗?

食物中，最典型、最常见的可能就是鸡蛋了，轻轻剥开煮鸡蛋的蛋壳，露出白花花、香喷喷的蛋白，富有弹性和光泽，这可能就是大多数人对食物蛋白质最直观的感官体验吧。

许多食物都富含人体所需蛋白质，包括动物性食物和植物性食物。动物性食物主要是肉类、鱼虾类、乳类和蛋类，新鲜肉类中含有蛋白质10%—20%，是人体蛋白质的重要来源；乳类一般含有蛋白质3%—3.5%，是婴幼儿所需蛋白质的最佳来源；蛋类含蛋白质11%—14%。植物性食物主要是豆类、谷类和花生等，豆类蛋白质含量丰富，特别是大豆含蛋白质35%—40%；谷类约含10%的蛋白质，花生中蛋白质含量约是12%，蔬菜水果类蛋白质含量较少。

图6-12 富含蛋白质的食物

我们每天作为主食的谷物蛋白质含量不高，所以在膳食搭配上，应在谷类的基础上加一定比例动物性蛋白质和豆类蛋白质，一般动物性蛋白质和大豆蛋白质应占膳食蛋白质总量的30%—50%。

当然，判断食物营养价值不能仅仅依据蛋白质含量。当我们吃下食物以后，身体消化系统将食物蛋白分解为氨基酸，有些氨基酸是人体细胞可以自行合成的，称为“非必需氨基酸”，有些氨基酸人体无法自行制造，必须从食物中才能获得，称为“必需氨基酸”。我们的身体不能自行合成的必需氨基酸，也就显得尤为重要，在饮食中不能缺少。成人必需氨基酸有8种：缬氨酸、异亮氨酸、亮氨酸、苏氨酸、蛋氨酸、赖氨酸、苯丙氨酸和色氨酸；组氨酸是婴儿必需氨基酸。

以此可见，人体对蛋白质的需要不仅取决于食物中的含量，还取决于蛋白质中必需氨基酸的种类和比例。食物蛋白质中必需氨基酸的种类、含量和比例，对蛋白质的营养价值有着极大的影响。

动物性蛋白质所含必需氨基酸的种类和比例较符合人体需要，从这个意义上讲，动物性蛋白质比植物性蛋白质营养价值高。人乳、牛乳、鸡蛋中的蛋白质含量较低，但所含必需氨基酸量基本上与人体相符，所以营养价值较高。植物性蛋白质一般缺乏 1—2 种人体必需的氨基酸或含量较低，在蛋白质营养价值的“竞争”中就落了下风。

图 6-13　富含蛋白质的动物类食品和植物类食品

人体在摄入大量动物性蛋白质时，往往也会摄入较多动物油脂和胆固醇，从而造成“三高”风险。我们不能笼统概括动物性蛋白质和植物性蛋白质谁优谁劣，两者不能互相取代，也不能因为其中一种而否定另外一种。

混搭考验

蛋白质对生命非常必要，又是人体细胞基本结构和功能的执行者，那是不是每天吃得越多越好呢?

不同人群对蛋白质需求量不相同。在生长发育阶段，人体对蛋白质需求旺盛，随着年龄增加，对蛋白质需求量也逐渐增加。《中国居民膳食指南》建议：成年男性每天摄入 75 克蛋白质，女性每天摄入 65 克，儿童、孕妇、老人和恢复期的病人适当增加蛋白质摄入。

蛋白质不宜过量摄入。正常情况下，人体不会储存蛋白质，必须将摄入过多蛋白质脱氨，分解为含氮废物由尿液排出，这需要大量水分，且加重肾脏负担，也使体内氮含量过多造成蛋白质中毒症。

富含蛋白质的食品通常也富含脂类和胆固醇，长期大量地食用高能、高脂、高蛋白食品如肉类、乳类、蛋类等，容易造成能量过剩并引发各种“富贵病”和“文明病”。

在营养学上，将蛋白质分为完全蛋白质、半完全蛋白质和不完全蛋白质。完全蛋白质含有的必需氨基酸不仅种类齐全、数量充足而且比例适当。这些蛋白质有乳类中的酪蛋白、乳蛋白，蛋类中的卵清蛋白、卵黄磷蛋白，肉类中的白蛋白和肌蛋白，大豆中的大豆蛋白、小麦中的麦谷蛋白和玉米中的谷蛋白。

半完全蛋白质所含有的必需氨基酸种类齐全，相互之间比例不太合适，氨基酸的成分不平衡。比如面粉蛋白质中的色氨酸、赖氨酸较少，豆类蛋白质中的蛋氨酸、苏氨酸和色氨酸较少。不完全蛋白质所含的必需氨基酸种类不全，如动物结缔组织和肉皮胶原蛋白缺少酪氨酸、玉米胶蛋白缺少赖氨酸等。

饮食单一有风险，营养丰富才有效，综合考虑这三类蛋白质的搭配，才能做到均衡膳食。

蛋白质组

你一定听说过“人类基因组计划”，但你听说过“人类蛋白质组计划”吗？

1957年，提出中心法则的弗朗西斯·克里克认为：“生物学家应该意识到，不久之后，我们将有一个可能被称为蛋白质分类法的学科：研究生物体蛋白质的氨基酸序列以及它们之间的比较。可以认为这些序列是生物表型可能最精细的表达，并且大量的进化信息可能被隐藏在其内。”当时，人类仅仅确定了5个物种的胰岛素完整氨基酸序列，他的预言虽如此超前，但事实证明他是对的。

基因作为人体唯一能够自主复制、代代相传的遗传单位，其生理学功能以蛋白质的形式得到表达。随着大量生物体全基因组序列的揭示，特别是人类基因组序列图测定的完成，科学家发现，仅从基因组序列角度根本无法完整、系统地阐明生物体的功能。蛋白质是生命存在和运动的物质基础，生理功能产生以及病理变化往往由蛋白质群体甚至整体共同完成。因此，揭示生命遗传背后现象的奥秘，需要系统认识基因组的产物——蛋白质组。

蛋白质组于 1994 年首次提出，是指一个基因组、一种生物或一种细胞 / 组织所表达的全套蛋白质。2001 年,《自然》和《科学》杂志在公布人类基因组序列草图时，发表了述评与展望，对蛋白质组学的研究发出了时代的呼唤。

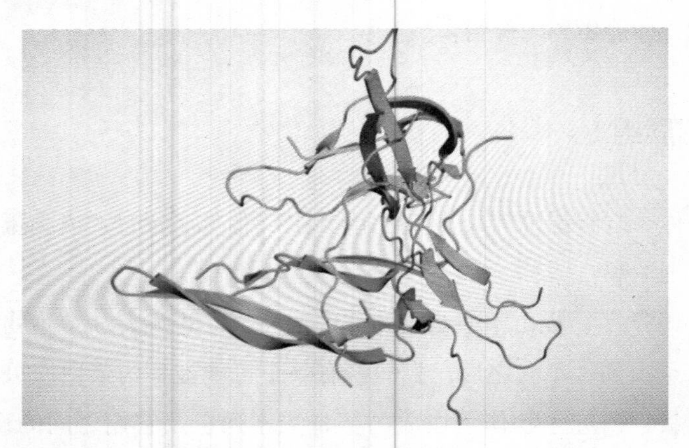

图 6-14　蛋白质组学研究为生命科学的发展提供了新方向

目前，人类蛋白质组组织协调的合作计划——人类蛋白质组计划正在进行，由 C-HPP 和 B/D-HPP 两个项目组成，C-HPP 项目将组织成 25 个工作组，每条人类染色体 1 个工作组，B/D-HPP 项目按照蛋白质生物学和疾病相关性组织成工作组。

在未来，或许人们将不再以氨基酸来考虑蛋白质营养单位，而是以蛋白质组为营养模块，进入数字生活的花样年华。

脂肪，油腻的人生

“简直不敢相信，整天好吃好喝地伺候着那帮脂肪细胞，当我在寒风中颤抖的时候，这些家伙装作不懂的样子，丝毫不愿燃烧自己给我取暖，心好凉！我想静静了。”这个关于脂肪的笑话是有科学原型的。

在日常生活中，甘油三酯俗称为“脂肪”，脂肪的基本结构是一个甘油分子和三个脂肪酸分子，由于不同的脂肪酸有不同的化学结构，因此决定了各种脂肪特性也不同。

脂肪酸分子像一条长长的链条，由一个个碳原子组成，碳原子身边还有氢原子相连，根据碳氢链的饱和程度，脂肪酸可分成

图6-15　富含脂肪酸的鱼肝油

三大类：饱和脂肪酸、单不饱和脂肪酸和多不饱和脂肪酸。

如今社会上充斥着各类“减脂”“低脂”广告，似乎在传递给人们一个消息：脂肪非缠着我们不走似的，仿佛身上脂肪越少越好。对于脂肪过多的人群而言，减少过多脂肪是好事，对于正常脂肪含量的人来说，这些“油腻”的家伙们究竟有哪些本领呢？

能量来源和储备 1 克脂肪可以产生 37000 焦的能量，这个值要比 1 克葡萄糖或蛋白质高出一倍多，是维持人体能量的重要成分，在合理膳食总能量中有 20%—30% 由脂肪提供。

人体必需脂肪酸 某些脂肪酸是人体保持健康所必需的，例如，ω-3 脂肪酸在幼儿成长发育中不可或缺，人类大脑含有丰富的二十二碳六烯酸（DHA），就是一种 ω-3 脂肪酸。

维持体温和保护脏器 人体储存在皮下肌肉间隙及内脏间隙中的脂肪，能够起到隔热保温作用，也对体内脏器有一定保护作用。想象一下，肚子上的肥肉，就是一个移动的“减震器”。

增加饱腹感 脂肪进入人体后，刺激小肠黏膜产生肠抑胃素，使肠蠕动受到抑制，食物在胃中停留时间变长，消化吸收速度相对缓慢，使膳食具有饱腹感。

溶解脂溶性维生素 食物脂肪中含有各类脂溶性维生素，如维生素 A、D、E、K 等。脂肪本身不仅是摄入这类维生素的重要来源，同时在烹调过程中分布于食物表面，保护维生素不被氧化，促进维生素在肠道的吸收。

要不要饱和一下？

脂肪的来源有很多，有些显而易见，有些暗藏玄机。餐桌上可见的食物来源主要有动物油、花生油、豆油、橄榄油以及动物外皮（如鸡、鸭、鹅、皮）等。不易察觉的不可见食物来源主要有肉类、奶制品、动物内脏、坚果类食物（如花生、瓜子）等；蛋类总脂肪含量低于10%，蛋黄脂肪含量达到约30%；谷类、蔬菜、水果中也含有微量的脂肪。

脂肪酸分为不饱和脂肪酸和饱和脂肪酸，食物中的脂肪也相应分为不饱和脂肪和饱和脂肪，对人体健康有着不同的影响。

不饱和脂肪 在室温下呈液体状态，主要来自植物油如橄榄油、芥花籽油、花生油，种子如瓜子、松子，硬壳果如核桃、腰果等，一些鱼肉中也含有不饱和脂肪，比如三文鱼、鲱鱼等。值得注意的是，室温下的植物油经过氢化反应会转化成反式脂肪，如果进食过量会使血液中低密度脂蛋白胆固醇上升，因此，

图6-16 富含脂肪的食物

应减少反式脂肪摄取量，购买食品可尽量选择不含反式脂肪的产品。

饱和脂肪　在室温下会凝固，主要来源是动物性脂肪，即肉类、牛油、猪油、奶油及蛋黄等，植物性饱和脂肪来自椰子油及棕榈油。饱和脂肪会增加身体低密度脂蛋白胆固醇生成，对心脏和血管系统造成危害，还可能引起血栓或动脉粥样硬化。如果心脏血流受阻，就会造成心肌梗死，还会增加冠心病风险；如果脑部血流受阻，就会造成中风危险。

脂肪和肥胖是一对“好朋友”

脂肪虽然不可或缺，但是通常过量会有反效。人体过量摄入脂肪尤其是饱和脂肪，会带来最大的不利影响主要有两个方面：肥胖和胆固醇沉积导致的动脉硬化。

肥胖的实质是体脂肪比例超标，于是，有人想到减少脂肪摄入以达到减肥目的。人体三大基本营养要素糖类、脂肪、蛋白质都可以转化为能量，供人体代谢活动所需。所以，控制总能量摄入才可能实现减肥，脂肪作为其中之一自然也需要注意。

有研究发现，脂肪是造成肥胖的“唯一”因素。在2018年的一项研究中，研究者用30种不同食物喂养小鼠，食物中的脂肪、糖类和蛋白质含量各不相同，在共采集了超过10万例小鼠体重变化和体脂数据之后，得出了一个结论：导致小鼠肥胖的唯一因素就是饮食中的脂肪含量。

血液中高密度脂蛋白能将肝外胆固醇转移到肝内利用、分解和代谢，是抗动脉粥样硬化的保护物质，我们把它称为“好”胆固醇；低密度脂蛋白转移内源性胆固醇到肝外组织，我们称之为“坏”胆固醇。那么，它是如何对健康造成威胁的呢？

如果血液中低密度脂蛋白水平过高，会黏附在血管壁上，刺激血管引发炎症反应；这时候，白细胞就会在此聚集，形成富含脂质的泡沫细胞；接着，血管中层平滑肌细胞会主动保护血管内皮，包围在脂质和内皮结合处，于是形成粥样硬化斑块。当血流将硬化斑块冲落时，大脑误以为血管破裂，就会启动凝血机制，大量血小板结合在脂质斑块上，使斑块变得更大；斑块使得血管腔越来越窄，如果引起重大堵塞，将严重影响生活质量和生命健康。

由此可见，血液中“坏”胆固醇过高，对人体健康非常有害，而控制血液中“坏”胆固醇含量过高，需要加强锻炼，并限制饮食中的脂肪摄入。

过量摄入脂肪会诱发心脑血管疾病，癌症也跟它有千丝万缕

高密度脂蛋白（“好”）

低密度脂蛋白（“坏”）

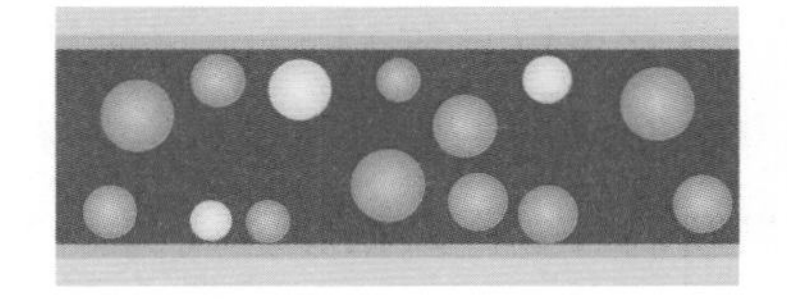

正常动脉

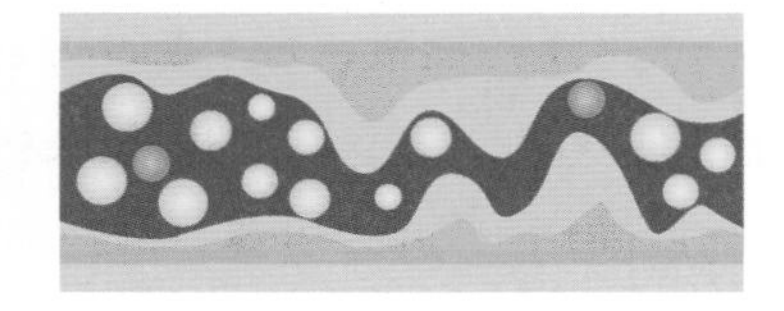

动脉狭窄

图 6-17　高密度脂蛋白和低密度脂蛋白对血管的影响

的联系！《新英格兰医学杂志》的一项研究显示，国际癌症研究机构确认了有八种癌症与身体脂肪过量相关，包括多发性骨髓瘤、脑膜瘤和贲门、肝、胆、胰腺、卵巢和甲状腺部位的癌症。

糖类和脂肪，谁的能耗更高？

为了身体健康，应限制脂肪的摄入量，那么，糖类物质的摄入是否也应纳入限制范围呢？糖和脂肪都是能够提供能量的物质，它们之间有什么不同之处呢？

人和动物都同时以两种方式储存能量：一方面是糖原储存少量的能量，另一方面是皮下脂肪储存大量的能量。

糖原方式储存能量的优点是释放很快，人体吸收葡萄糖之后，一部分葡萄糖合成为糖原储存在肝脏和肌肉中，当骨骼、大脑、内脏等运动增多需要能量的时候，糖原可以迅速水解为葡萄糖供给能量，身体饥饿时必须消耗肌肉组织的蛋白质和糖原来满足能量需求。

脂肪绝大部分以甘油三酯形式储存，分布在腹腔、皮下和肌纤维组织之间，不能给大脑、神经细胞以及血细胞提供能量。但是糖原与脂肪相比，能量密度较小，每 1 克糖类完全氧化可以释放 16.74 千焦能量，每 1 克脂肪完全氧化可以释放 37.67 千焦能量，是糖类的两倍多。脂肪供能的缺点是取用过程比较复杂，并不是“随取随用”。可以想象一下，如果我们身上仅以糖原方式储存能量，体重可要比现在增加 20% 以上！

维生素，谜之身世

维生素的诞生

维生素又名“维他命”（vitamin），是我们耳熟能详的名词，然而，人类对维生素的认识却走过了一段漫长而坎坷的路。

人类对维生素的认识始于三千多年前。古埃及人发现吃了某些食物后，夜盲症可以被治愈，虽然他们当时并不清楚是食物中的什么物质起了作用，但是人们开始朦胧地意识到维生素的存在价值。

16—18 世纪，坏血病估计夺走了两百万船员的生命；19 世纪前，欧洲玉米种植区流行癞皮病，1798 年，这种疾病在法国带走了数以万计人的生命，让数十万人丧失劳动力……这些怪病的根源在哪里？世界各国科学家们对此开展了不懈的研究。

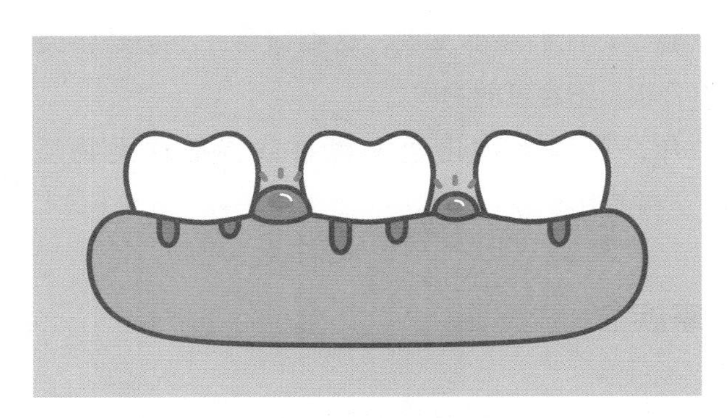

图 6-18　坏血病患者易出现牙龈出血等症状

英国生物化学家霍普金斯认为，动物仅靠含有蛋白质、脂肪、糖类、无机盐和水的食物是无法生存的。1912 年，他在《生理学》杂志上发表的论文《人工合成饮食》中指出，对于生命来说，有一种东西与蛋白质、脂肪、糖类、无机盐和水同等重要。他认为这种物质存在于牛乳中，遗憾的是，霍普金斯没有分离出这种物质。

也许有人听说过："吃些糙米，脚气病就会好。"这是一个事实，但是在 20 世纪之前，人们经过多次实验，也没有找到糙米中能治脚气病的物质。

1912 年，波兰化学家冯克吸取前人经验，认为这种未知物质含量十分稀少，用常规方法难以提取，他首次选择了一种强力吸附剂：酸性白土。最终神秘物质显出了原形，只需一点点就能治愈脚气病，冯克经过进一步化学分析，发现这种物质属于胺类有机化合物，于是将其称为"生命胺"。

此后，化学家先后从鱼肝中提取出治疗夜盲症的物质，从水果中提取出治疗坏血病的物质，从牛奶中提取出治疗口腔炎的物质……试验中，他们逐渐发现，这类物质并不都是胺类化合物，有些是不含胺、不含氮的物质。

1920 年，英国生物化学家德莱蒙特把这类物质命名为"vitamin"，并沿用至今。

维生素家族

维生素与生命息息相关，是维持人正常生理功能所必需的营养物质。

维生素不仅在人体中含量极低，而且自身的构成也非常简单。成千上万的原子才能构建出一个蛋白质，维生素却可能只有几十个原子。人对维生素的需求量也很少，各种维生素每日最大摄入量从几十纳克到几克不等，比如维生素 C 为 2 克，维生素 D 仅为 50 微克。

维生素既不参与构成人体细胞，也不为人体提供能量，但它是人体新陈代谢中必不可少的调节因素。身体中的各种生化反应需要酶类起催化作用，酶类要产生活性必须有辅酶参加，许多维生素就是辅酶或辅酶的组成分子。

现在，维生素家族中的成员已经超过 100 个，按照发现先后顺序，依次叫作维生素 A、维生素 B、维生素 C、维生素 D，等等；其中，维生素 B 族中又有若干成员，如维生素 B_1、维生素 B_2、维生素 B_6 等。

通常我们把维生素分为以下两类，水溶性维生素包括维生素 C、维生素 B 族，脂溶性维生素包括维生素 A、D、E、K 等。水溶性维生素是能在水中溶解的维生素，常包括在酶催化反应中起着重要作用的 B 族维生素以及维生素 C 等。

维生素 C 又叫抗坏血酸，坏血病在以前被称为不治之症，病死率很高。患者会出现脸部肿胀、牙龈出血和牙齿脱落等症状，严重时皮肤下大片出血，最后因肾衰竭而死亡。航海船员是坏血病高发人群。

1536 年，法国探险家雅克 · 卡蒂埃受到印第安人启发，用当地柏树叶煮茶给船员饮用，治好了很多人的坏血病，但这一应用

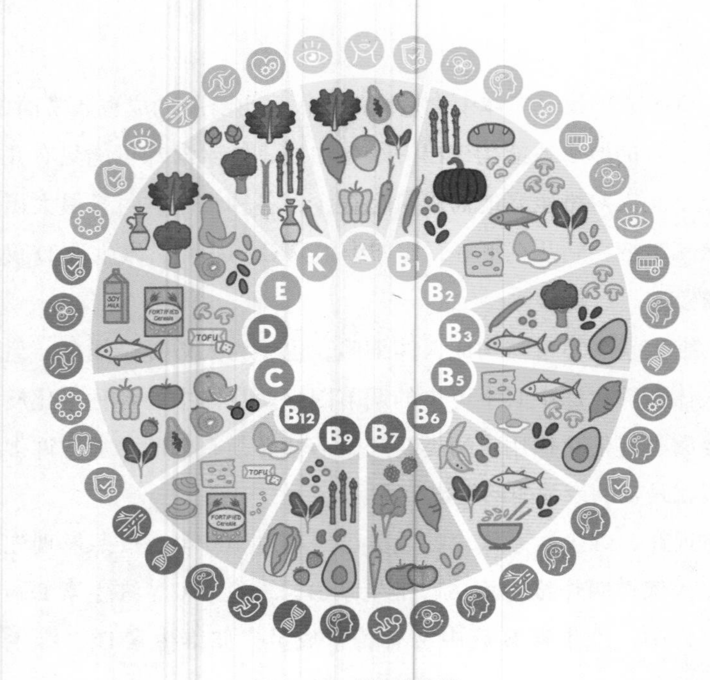

图 6-19　维生素家族

并没有得到推广。后来发现，每 100 克柏树叶中的维生素 C 含量高达 50 毫克。

18 世纪中叶，英国海军军医詹姆斯 · 林德发现这种疾病与饮食有关，他设计并实施了历史上第一个饮食与坏血病的临床试验，发现了柠檬对坏血病的预防作用。18 世纪末期，英国海军卫生官员吉尔伯特 · 布兰坚持推广了林德的方法，强制海军船员吃新鲜橘子和喝柠檬汁，英国海军才消除了坏血病。

从此，人们逐渐意识到，新鲜水果蔬菜中存在着对抗坏血病的因子，并把它命名为“水溶性因子 C”。但是，直到 20 世纪，人类才真正探寻到它的真面目，并开始合成这种物质。

1927 年，匈牙利科学家阿尔伯特·圣捷尔吉从牛肾上腺中分离出 1 克抗氧化物质，命名为已糖醛酸。他将提取的样品送给英国化学家沃尔特·诺曼·霍沃思进行分析，霍沃思成功解出了这一物质的结构，人类从此可以合成维生素 C，当时将其命名为抗坏血酸。

现在我们已经知道，维生素 C 可以预防和治疗坏血病，同时也是一种抗氧化剂，还参与许多重要生物合成过程。植物及绝大多数动物均可在自身体内合成维生素 C，可是人、灵长类及豚鼠却不能，必须从食物如新鲜的蔬菜、水果中摄取维生素 C。脂溶性维生素可在体内大量贮存，主要贮存于肝脏部位；某些脂溶性维生素是辅酶前体，可以被生物体直接利用。

脂溶性维生素是指不溶于水而溶于脂肪及有机溶剂的维生素，

图 6–20　新鲜蔬菜、水果里含有丰富的维生素 C

包括维生素 A、维生素 D、维生素 E、维生素 K 等。在脂溶性维生素中，维生素 A 最早被提取出来，但是实现工业合成却经历了 30 多年。

我国唐代的孙思邈在《千金方》中记载动物肝脏可治疗夜盲症。1913 年，美国化学家麦科勒姆和戴维斯在黄油和蛋黄中发现一种生命必需的脂溶性微量因子，命名为“脂溶性物 A”，也就是维生素 A，他们在报告中提到了用奶油、蛋白和鱼肝油可治愈干眼症。20 多年后，美国科学家沃尔德发现食物中缺乏维生素 A 会导致视黄醛供应不足，视网膜上视紫红质含量降低会产生夜盲。

1929 年，英国生化学家摩尔用含胡萝卜素的食物喂大鼠，在大鼠肝脏内发现了维生素 A，由此得知胡萝卜素可以转变为维生素 A。1937 年，美国化学家霍姆斯从鱼肝油中得到维生素 A 晶体。1947 年，瑞士实现了维生素 A 醋酸酯全合成，并于 1948 年在全世界率先实现工业生产。

维生素 A 的医学用途十分广泛，包括维持视觉、促进生长发育、维持上皮结构完整、加强免疫能力、清除自由基等，在动物性食物尤其肝脏中含量丰富。绿色蔬菜、红黄色蔬菜和水果中含有类胡萝卜素，这种物质正是维生素 A 的前体物。

吃得好不如吃得巧

维生素对人体非常重要，虽然人对维生素的摄入需求量很少，但它不可或缺。维生素缺乏会导致一些疾病，如缺乏维生素 A 会导致夜盲症，缺乏维生素 B_{12} 会严重贫血，缺乏维生素 D 会引起佝偻病等。只要补充少量某种维生素，就能预防或治愈某些疾病。维生素过量对身体无益，反而会加重体内代谢负担，甚至可能造成中毒。

长期大剂量服用维生素C会影响人体血液系统、泌尿系统、消化系统，不仅会引起高铁红细胞贫血、草酸及尿酸结石形成，还会加重胃炎和胃十二指肠溃疡等。此外，长期大剂量服用维生素C后突然停药，可能引发反跳性坏血病。

脂溶性的维生素A在体内代谢速度很慢，过量摄入维生素A以视黄醇形式储存在肝脏，时间长了会引起慢性肝损害；如果一次性摄入剂量太大，还会引发急性中毒，严重时甚至会导致死亡。有证据表明，孕妇在怀孕早期过量摄入维生素A，会使胎儿畸形风险显著上升。

别以为只有滥用抗生素需要警惕，胡吃维生素也有安全隐患。

健康人应该均衡饮食。尽量科学、合理搭配膳食品种和数量，各种营养物质丰富平衡，就不用太过于担心维生素缺乏。

在日常饮食中要注意烹饪手法，减少维生素流失。例如油炸、高温过度炒青菜，使维生素C大量流失；维生素A、D、E在含有脂肪食物中达到最好的吸收效果；少吃精米和白面等精细加工食品，精粮的叶酸、维生素E、维生素B_5等营养成分流失达50%以上。

从饮食中摄取维生素不足，需要根据实际情况相应补充。经常饮酒的人可以服用维生素B_6作为防治脂肪肝的辅助成分；喜欢运动的人可以服用维生素B_1和维生素C补充代谢消耗；适当补充维生素D对生长发育有帮助，等等。

微量元素，能排名多少？

万中无一

微量元素这个名词我们可能都不陌生，不过几斤几两才算微量？人体中含 50 多种元素，单论分量的话可分常量元素和微量元素。占人体总质量万分之一以上的元素称为常量元素，占人体总质量万分之一以下的元素称为微量元素。

从这个定义来讲，就能理解微量元素的名称由来了，例如，锌元素占人体总质量的百万分之三十三，铁元素也只有百万分之六十。微量元素分为三类：第一种是人体必需的微量元素，有铁、碘、锌、硒、铜、钼、铬、钴 8 种；第二类是人体可能必需的微量元素，有锰、硅、镍、硼、钒 5 种；第三类是具有潜在毒性、在低剂量时对人体可能有益的微量元素，包括氟、铅、镉、汞、砷、铝、锂、锡 8 种。

人体微量元素含量很低，却对我们身体健康影响不小，下面通过硒元素的故事来了解一下微量元素的“威力”。

1817年，瑞典化学家在研究硫酸厂铅室中沉淀的红色淤泥时，从中发现了硒元素。人们对硒元素的兴趣始于 1934 年，主要在寻找与硒元素相关的有毒化合物和控制中毒等方面。中国的一种地方病与硒元素密切相关，那就是克山病。

克山病最早在黑龙江省克山县被发现，是一种地方性心肌病，在20世纪30年代，每到冬天，我国北方地区的人们常常会患克山病。到了60年代后期，医学家与地质学家共同参与了这种地方病的治理。他们在调查中发现，在一些地势较平坦的地区基本没有克山病，在一些地势沟壑纵横地区克山病的病例就很多，于是推测克山病成因与水土中的微量元素相关。进一步研究发现，正是由于发病地区水里缺少硒元素，人体硒元素严重缺乏，导致了克山病的发生。通过给当地人们服用亚硒酸钠补充微量元素，这种地方病逐渐绝迹了。1973年，世界卫生组织确认硒是人类和动物生命中必需的微量元素。

必不可少

1990年，世界卫生组织专家委员会提出人体必需微量元素的概念：微量元素是人体内生理活性物质、有机结构中的必需成分；这种元素必须通过食物摄入来获得，当膳食摄入量低于某一极限值时，将导致某些重要的生理功能损伤。

生活中有哪些食物隐藏着微量元素？下面从人体必需的几种微量元素开始，了解我的身体所需的这些微量元素的基本特点。

铁元素 体内血红素和铁硫蛋白成分与原料，参与体内氧的运送和组织呼吸过程，维持正常造血功能。人体缺乏铁元素可能导致缺铁性贫血，摄入过量可使胃肠道发生不良反应。人从食物中吸收的铁元素平均约为10%。动物性食物中含有丰富的铁元素并且吸收效果较好，如动物肝脏、瘦猪肉、牛羊肉、禽类、鱼类、动物全血等，鸡蛋和牛奶中的铁元素吸收率相对低一些。植物性

图 6-21　动物肝脏等食物中含有丰富的铁元素

食物中的铁元素含量不高且吸收率低，黄豆、小油菜、芹菜、萝卜缨、荠菜、毛豆等食物中的铁元素含量相对较高。

碘元素　合成甲状腺激素的主要元素，主要功能是参与机体能量代谢，促进机体的物质代谢，促进生长和神经系统发育，维持垂体正常形态功能和代谢。碘元素摄入不足可引起碘缺乏病，长期过量摄入会导致高碘性甲状腺肿等危害。碘元素含量高的食品主要是海产品，如海带、紫菜、鲜海鱼、干贝、淡菜、海参、海蜇、龙虾等；其次为肉类，植物含碘量最低，特别是水果和蔬菜；在碘盐中也含碘元素。

锌元素　参与体内多种酶的组成，具有催化、结构和调节功能，促进机体生长发育和组织再生，维持细胞膜的完整性。锌元素缺乏可引起味觉障碍、生长发育不良、皮肤损害和免疫功能损

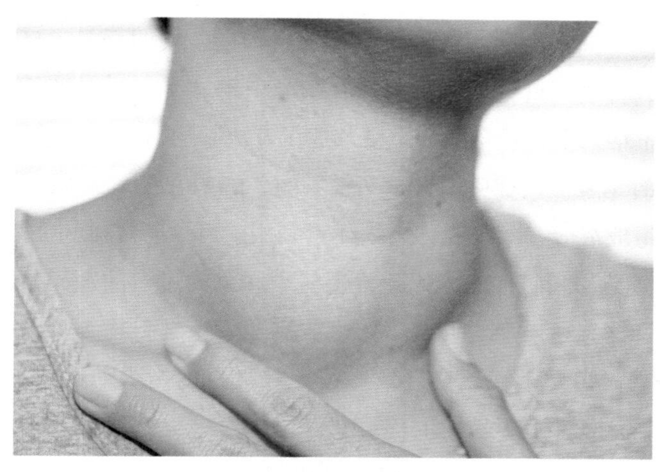

图 6-22 缺碘可能导致甲亢（“大脖子病”）

伤等。锌元素的来源很广，动物性食物含锌丰富且吸收率高，如贝壳类海产品、红色肉类、动物内脏等；蛋类、豆类、干果类、燕麦、花生酱、玉米和麦麸中锌含量也很高；植物性食物通常含锌较低。

硒元素 可形成硒氨基酸，参与构成蛋白质的一级结构，在机体中抗氧化，保护心血管和心肌健康，对体内重金属有一定解毒作用。硒元素缺乏会引起克山病和大骨节病，过量摄入硒会引起硒中毒。即使同一种食物中的硒元素含量也有地区差异，主要受产地土壤中的硒含量影响。海产品、肝、肾、肉类、大豆和整粒谷类是硒元素的主要食物来源。

铜元素 参与铜蛋白和多种酶类的构成，维持正常造血功能，维护中枢神经系统完整性，保护细胞免受超氧离子损伤。铜元素缺乏可导致小细胞低色素性贫血，摄入过量也会引起中毒，严重昏迷甚至死亡。铜元素分布于各种食物中，例如谷类、豆类、硬果、肝、肾、贝类等，蔬菜和乳制品中铜元素含量最低，植物性食物中铜元素含量受栽培土壤及加工方法影响。

钼元素　黄嘌呤氧化酶 / 脱氢酶、醛氧化酶和亚硫酸盐氧化酶的组成成分，参与人体内铁元素利用，可预防贫血和促进发育，协助糖类和脂肪代谢，钼元素还能中和体内过多的铜元素。动物内脏、深绿色叶菜、豌豆、绿豆、扁豆、未精谷物等食物中钼元素丰富，钼元素缺乏会导致心悸、呼吸急促、躁动不安等症状，正常膳食条件下不易发生。

铬元素　在天然食品和生物体中主要为三价铬，是葡萄糖耐量因子重要构成成分和某些酶类激活剂，能增强胰岛素功能，铬元素摄入不足可导致糖类、脂类代谢紊乱。铬元素在天然食品中含量较低，主要来源有啤酒酵母、废糖蜜、干酪、蛋、肝、苹果

图 6-23　富含硒元素的食物

皮、香蕉、牛肉、面粉、鸡以及马铃薯等。

可能？必需？

人体可能必需的微量元素有锰、硅、镍、硼、钒等，下面以锰元素为例进行解释。

人体的骨骼、肝脏、肾脏、心脏、大脑、肺、肌肉等很多部位都含有锰元素，有些作为酶的组分或激活剂，有些参与骨骼形成，有些参与氨基酸、胆固醇和糖类代谢，有些维持脑功能。

人主要通过摄取食物获取锰元素。植物性食物中锰元素含量较多，如坚果、叶菜、鲜豆、茶叶等，动物性食物含锰量比较低，主要是在身体的小肠内被吸收。

在动物实验中发现，如果出现锰元素缺乏，动物会出现营养不良、骨骼异常、运动失调等症状，到目前为止，人类中并没有发现明确的锰元素缺乏疾病。

与其他微量元素相比，锰元素毒性较小，口服锰元素中毒的报道很少，大多是由于吸进锰元素含量超标的空气所致。锰元素也可能引起慢性中毒，锰中毒的发生会导致中枢神经系统异常，严重的情况下会出现重度精神病症状，出现幻觉、暴力行为等。

有毒？有益？

要科学看待具有潜在毒性、在低剂量时对人体可能有益的微量元素。这类微量元素有氟、铅、镉、汞、砷、铝、锂、锡，我们就从氟元素说起吧。

正常人体内含氟总量为2—3克，约有96%的氟元素积存在骨骼和牙齿中，少量存于内脏、软组织及体液中。

人体骨骼固体60%为骨盐（主要是羟磷灰石），骨盐中的氟元素多，骨质就坚硬。适量的氟元素有利于钙、磷的利用以及在骨骼中的沉积，可以加速骨骼成长、维护骨骼健康。氟元素是牙齿的重要成分，被牙釉质中的羟磷灰石吸附，在牙齿表面形成一层抗酸性腐蚀的坚硬的氟磷灰石保护层。

人体每日摄入的氟元素约65%来自饮水、30%来自食物，动物性食品中氟元素高于植物性食品，海洋食品中的氟元素高于淡水及陆地食品，鱼类和茶叶中的氟元素含量和吸收率很高，饮水中的氟元素可完全被吸收，食物中的氟元素吸收率达75%—90%。

当出现氟元素缺乏时，牙釉质中不能形成氟磷灰石保护层而易发生龋齿，摄入过量氟元素会引起急性或慢性氟中毒。急性氟中毒的症状和体征为恶心、呕吐、腹泻、腹痛、心功能不全、惊厥、麻痹以及昏厥，主要发生在特殊工业生产中。慢性氟中毒主要发生于高氟元素地区，由长期摄入过量氟元素引起，主要造成骨骼和牙齿损害，临床表现为斑釉症和氟骨症。

用力过猛?

不知不觉中，营养物质给我们的身体没日没夜地提供丰富资源，糖类、脂肪这些个“大块头”可以被我们感知到，微量元素却往往捉摸不透。于是，一些家长开始操心孩子“缺乏微量元素”，紧接着就有许多“儿童微量元素检测”大行其道。其实，大多数时候都是担心过头了。

只要饮食均衡、特殊情况下（如生病）注意补充，一般都不会缺乏微量元素。

国家卫生部门在2013年发布通知，规范了微量元素检查流程和适用条件，如果不是诊断需要，不建议给孩子做日常微量元素检测。不能单凭微量元素检测结果判断是否缺乏某种微量元素，更不能盲目治疗和进补微量元素，所以，不要跟风去做微量元素检测。

国际上对于微量元素检测结果也没有明确的统一标准，目前的检测手段有血液、头发、夹手指检测，各种方法误差较大，临床参考价值有限。即使医生需要确诊微量元素是否异常，检测结果也只能作为参考之一，还要结合实际症状进行诊断。

微量元素那些事，自己心里得有数，营养健康才靠谱。

“健康卡”，终身会员制

平衡的智慧

人体的营养物质主要都来自日常饮食，或者一类营养物质广泛分布于各类食物，或者一种食物中孕育着各类营养物质，我们了解大自然和自身越多，就越能感觉到来自大自然的馈赠。

现实生活中，没有一种食物能按照人体所需数量和适宜配比提供营养物质。农业和工业生产效能的提高，使得我们的生活物资丰富，食物的数量和种类也常常令人眼花缭乱，食品的质量和安全更应得到重视。我们获取的任何食物都与环境有着直接关系，食物的选择影响着每个人的健康。

食物是“能量源泉”。汽车跑动需要汽油，空调制冷需要电力，人体像一台机器，需要食物供能才能维持运转。食物是“材料仓库”。人体组织器从开始生长发育，到不断更新和修补，需要食物提供充足原料。食物是“稳定剂”，参与了维持人体正常的渗透压和酸碱平衡等一系列生理生化活动，保持机体运行协调。

假如食物提供的营养物质和人体所需的营养物质恰好一致，人体消耗的营养与获得的营养达成平衡，称为营养平衡。因此，单一的某种食物无法满足营养平衡的需求，必须要有营养可口、有益健康的合理饮食，摄取多种食物中的营养物质。事实证明，根据健康科学配比摄入营养素，能使人达到非常好的健康状态。

健康的现代科学定义是身体与自然环境和社会环境的动态平衡，是一种身体上、精神上和社会上的完满状态。营养与健康关系极为密切，合理的营养可以增进健康。所以，培养科学饮食习惯，智慧选择营养食物，既享受美食又保持健康，是完全可行的明智之举。

能量“三巨头”有来往吗？

大家还记得天平的使用方法吗？在平衡重量的时候，首先放入质量重的大砝码，然后依次放入质量较轻的小砝码，最后再调节游码。蛋白质、脂肪、糖类三大营养物质是身体能量来源，在体内可以互相转化，因而我们就先从这“三巨头”来做平衡。

蛋白质和糖类的转化关系 组成蛋白质的各种氨基酸大多可以脱氨基生成 α-酮酸，是糖类代谢的中间产物，通过异生途径生成糖类物质；α-酮酸可以通过转氨基作用转变成非必需氨基酸。

蛋白质和脂肪的转化关系 组成蛋白质的各种氨基酸可在动物体内转变成脂肪，生酮氨基酸可以转变为脂肪，生糖氨基酸先转变为糖类再转变成脂肪。生糖氨基酸代谢中间产物可转化成 α-磷酸甘油和长链脂肪酸合成脂肪；脂肪分解得到甘油可转变为 α-酮酸，再经转氨基作用生成非必需氨基酸。

糖类和脂肪的转化关系 糖类代谢中间产物也能转化成 α-磷酸甘油和长链脂肪酸，所以，糖类能转化为脂肪，脂肪也能转

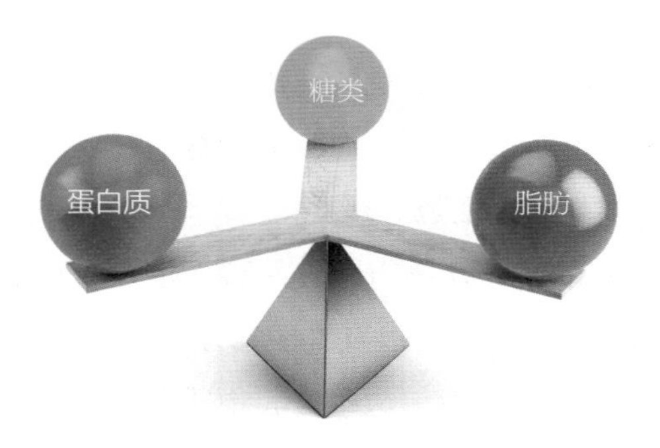

图 6-24 糖类、蛋白质与脂肪可以互相转化

化为糖类。这三类物质的转化过程都伴随着热量的产生或者消耗，在营养物质间蕴藏着能量的释放和储存。

热量是能量的表现形式 蛋白质转变成为热量，需要先转变成为糖类，才能够“燃烧”产生热量；脂肪的“燃烧”，也需要糖类参与才能顺利完成。蛋白质和脂肪是人体能量储藏仓库，糖类可以快速地直接释放热量。

比如，刚进入高原地区生活的人们，一般需遵循“高糖、低脂肪、避免过量蛋白质”的膳食基本原则，这就是在特殊环境下三大能量物质平衡。

糖类是急性高原低氧条件下机体首选能源物质，在消耗等量氧的情况下，糖类的产能高于蛋白质和脂肪；在严重低氧条件下，脂肪氧化不完全会导致体内酮体聚积，降低低氧耐力；高蛋白膳食不易消化，会引起组胺等毒性代谢物质在体内蓄积，因此蛋白质用量应优先考虑用以维持必需氨基酸比例平衡，而不宜过量。

动物内脏能吃吗？

在美食的选择上，不断面临传统和现代观念的碰撞，在许多人的美食清单中，选取动物内脏为食材的餐食广受欢迎，比如熘肝尖、爆炒腰花、熘肥肠、爆肚等。

首先肯定的是，动物内脏食品有一定营养价值，一般含有丰富的铁、锌等微量元素，以及维生素A、维生素B_2和维生素D等。在我国传统膳食结构中，这些营养物质人体比较缺乏，通过食用动物内脏能够得到有效补充。

其次，应该明确的是，动物内脏中含有大量的脂肪和胆固醇，经常食用动物内脏可能引起高脂血症，对于已经患有高脂血症的人，更是“雪上加霜”。

动物内脏可以吃，通过控制食用量、种类和次数，既补充营养又降低食用风险，在食用的时候，还要注意搭配其他食材，比如蔬果、谷物等。

营养平衡高招

《中国居民膳食指南》中的几条核心推荐非常实用，一起来看看吧。

图 6-25　均衡的营养是健康的前提

食物多样，谷类为主　每日膳食应包括谷薯类、蔬菜水果类、畜禽鱼蛋、奶类、大豆坚果类等食物。建议人均每天摄入 12 种以上食物，每周 25 种以上。谷类为主是平衡膳食模式的重要特征，建议每天摄入谷薯类食物 250—400 克，其中全谷物和杂豆类

50—150 克，薯类 50—100 克；膳食中糖类提供能量应占总能量的 50% 以上。

吃动平衡，健康体重 各年龄段人群都应该坚持天天运动，维持能量平衡，保持健康体重。体重过低或过高都易增加疾病发生风险。建议每周至少进行 5 天中等强度身体活动，累计 150 分钟以上；坚持日常身体活动，平均每天走 6000 步；尽量减少久坐时间，每小时起来动一动，动则有益。

多吃蔬果、奶类、大豆 提倡餐餐有蔬菜，建议每天摄入 300—500 克，深色蔬菜应占一半。建议每天摄入 200—350 克新鲜水果，果汁不能代替鲜果；吃各种奶制品，摄入量相当于每天饮用液态奶 300 克；常吃豆制品，每天相当于大豆 25 克以上；适量吃坚果。

适量吃鱼、禽、蛋、瘦肉 建议每周吃鱼 280—525 克，畜禽肉 280—525 克，蛋类 280—350 克，平均每天摄入鱼、禽、蛋和瘦肉总量 120—200 克。

少盐少油，控糖限酒 建议每天摄入食盐不超过 6 克，烹调油 25—30 克。建议每天摄入糖不超过 50 克，最好控制在 25 克以下。足量饮水，建议成年人每天饮水 1500—1700 毫升，提倡饮用白开水和茶水，不喝或少喝含糖饮料。儿童、孕妇、哺乳期女性不应饮酒，成人如饮酒，男性一天不超过 25 克，女性不超过 15 克。

杜绝浪费，新兴食尚 按需选购食物，按需备餐，提倡分餐不浪费；选择新鲜、卫生的食物和适宜的烹调方式，保障饮食卫生；学会阅读食品标签，合理选择食品。

全民健康

健康是人一生中永恒的课题，包括疾病防控、维护健康和饮食平衡等。生存是人的本能，吃不吃饭不是一个问题，吃不吃得好才是一个问题，“每个人都是自己健康的第一责任人”。健康不但关乎我们每一个人，而且关乎家庭的幸福，关乎国家民族的复兴。

世界卫生组织总结全球研究发现，在影响个人健康与寿命的四大因素中，生物学遗传因素占15%，环境因素占17%，卫生服务占8%，生活方式与行为比重最大，占60%。如果采取健康的生活方式，可以预防80%的心脑血管病、80%的2型糖尿病、55%的高血压和40%的恶性肿瘤。如果我们每个人都能够从自身做起，合理饮食、适量运动、戒烟限酒和保持心态平衡，自主自律地塑

图6-26 适量运动有益健康

造上述的健康行为，那么离“全民健康”的目标就不远了。

健康是党中央和国家的基本方略，“人民健康是民族昌盛和国家富强的重要标志”。开展健康中国行动，通过宣传普及和科学教育，引导大家共同践行健康文明的生活方式，是维护和促进健康的最有效公共策略。

现代科技的突飞猛进，缩小了地球的时空距离，世界仿佛变成了“地球村”，国际交往的日益频繁，给疾病传播流行带来了便利。

坚持预防为主，深入开展爱国卫生运动，倡导健康文明生活方式，预防控制重大疾病。近年来，我国有效控制艾滋病、乙肝、结核、血吸虫病等重大传染病的发病率和病死率。即使有新发和输入性传染病，也得到及时和有效的控制，没有引起社会恐慌。

我国公共卫生援外能力“规模初显”，中国从构建人类命运共同体的高度出发，远赴非洲开展卫生援助和科技援助，倡导国际社会，共同促进医疗事业和社会繁荣，与全世界人民一起创造属于自己的健康生活，为享有属于每一个人的健康环境而努力。